浙江常见乔木100种

傅秋华　等　编著

U0306518

中国农业科学技术出版社

图书在版编目（CIP）数据

浙江常见乔木 100 种 / 傅秋华等编著 . — 北京：中国
农业科学技术出版社，2021.5

ISBN 978-7-5116-5207-2

Ⅰ . ①浙… Ⅱ . ①傅… Ⅲ . ①乔木－浙江－青少年读物
Ⅳ . ① S718.4-49

中国版本图书馆 CIP 数据核字（2021）第 086727 号

责任编辑　周　　朋
责任校对　马广洋
责任印制　姜义伟　　王思文

出 版 者　中国农业科学技术出版社
　　　　　北京市中关村南大街 12 号　　邮编：100081
电　　话　（010）82106643（编辑室）（010）82109704（发行部）
　　　　　（010）82109702（读者服务部）
传　　真　（010）82106631
网　　址　http://www.castp.cn
经 销 者　各地新华书店
印 刷 者　北京建宏印刷有限公司
开　　本　170 毫米 × 240 毫米　1 /16
印　　张　13
字　　数　200 千字
版　　次　2021 年 5 月第 1 版　2021 年 5 月第 1 次印刷
定　　价　88.00 元

《浙江常见乔木100种》
编委会

（排名不分先后）

前 言

　　这是一个忙碌而喧嚣的时代。在行色匆匆的生活中，在钢筋水泥的丛林里，似乎有许久，没有停下脚步，去看一朵花儿的绽放，去触摸一片叶子的脉络，去听一听大自然的声音了。那些四季的更替，细小而寻常的感动，似乎离我们的生活越来越远。我们的孩子们，在电脑手机网络的包围中，与大自然更是陌生的、疏离的。

　　浙江，是一个美丽的地方，是生态资源的宝库。因为地处亚热带中部、东南沿海长江三角洲南翼，较为复杂的地理条件和独特的气候，孕育了众多的特有物种和珍稀物种，动植物资源丰富。浩渺的大自然中蕴藏了无数的知识，等我们去发现、去感受。在生态文明兴起的今天，为了让孩子们能更好地了解自然、认识植物，我们编著了这本集专业性、知识性、科普性为一体的科普读物，力求通过文字、古诗词、图片等形式，寓教于乐，让中小学生能认识生活中常见的乔木树种，了解树种的特性和主要利用价值，了解古人对自然、树木的认知和赞誉，让他们离大自然近一些，更近一些。

　　在本书的编著过程中，参考了《浙江植物志》（1992—1993 版）、《中国植物志》。图片除了极少部分为同行、朋友提供外，大部分为编著者自己拍摄。由于有些树种在野外生长，拍摄四季变化较困难，还有许多不如意的地方，书中还存在疏漏和不妥之处，恳请广大读者批评指正。古人写松、杉、柏、楠等的时候通常是通称，而非具体树种，故有些古诗词与具体树种不一定很贴切，仅供参考。

　　本书编著过程中得到了浙江省社会科学界联合会、丽水市林业科学研究院、遂昌县政协、浙江九龙山国家级自然保护区管理中心、遂昌县生态林业发展中心、遂昌县社会科学界联合会、遂昌县科学技术协会等单位支持，在此深表感谢。

编著者

2021 年 3 月

目　录

银　杏

学名： *Ginkgo biloba*

别名： 白果、公孙树

科属： 银杏科　银杏属

形态： 落叶乔木，高达40m。树皮纵裂。雌雄异株；通常雌株树冠较雄株开展。枝条有长短枝之分。叶片扇形，浅绿色，具长柄，顶端宽5~8cm，中央浅裂或深裂，秋季落叶前变为黄色。球花生于短枝叶腋；种子椭圆形，熟时黄色或橙黄色，被白粉。花期3—4月，种子9—10月成熟。

习性： 喜光，具深根性，对气候土壤适应性强，不耐盐碱土及过湿的土壤。

应用： 银杏树干通直，叶形奇特，枝叶浓密，尤其在秋季叶转金黄，十分醒目，适宜在庭院、道路和公园等处作观赏树应用。木材供建筑、家具、室内装饰、雕刻、绘图板等用。种子可食（多食易中毒）及药用。

一诗一植物　一花一世界

和圣俞李侯家鸭脚子（节选）

〔宋〕欧阳修

鸭脚生江南，名实未相浮。

绛囊因入贡，银杏贵中州。

银杏（春色）

银杏（秋色）

银杏秋叶

银杏雄球花枝

银杏种子

金钱松

学名： *Pseudolarix amabilis*

别名： 金松

科属： 松科　金钱松属

形态： 落叶乔木，高达 40m，胸径达 1.5m；树冠阔塔形。树皮呈不规则鳞片状剥离；大枝不规则轮生，平展。叶条形，在长枝上互生，在短枝上轮状簇生。雄球花黄色，圆柱状，下垂；雌球花紫红色，椭圆形，直立。球果卵形或倒卵形，长 6~7.5cm，成熟前绿色或淡黄绿色，熟时淡红褐色。花期 4 月，球果 10 月成熟。

习性： 生长较快，喜生于温暖、多雨、土层深厚、肥沃、排水良好的酸性土。

应用： 金钱松为我国特有树种。树干通直，树姿优美，秋后叶呈金黄色，颇为美观，可作庭园树。木材性较脆，可作建筑、板材、家具、器具及木纤维工业原料等用；树皮、根皮可入药。

一诗一植物　一花一世界

咏史诗八首·其二（节选）
〔魏晋〕左思

郁郁涧底松，离离山上苗。
以彼径寸茎，荫此百尺条。

初春的金钱松

金钱松长短枝

金钱松雄球花枝

入秋的金钱松

金钱松球果果枝

雪 松

学名： *Cedrus deodara*

科属： 松科　雪松属

形态： 常绿乔木，高达 50m，胸径达 3m；树冠圆锥形。树皮灰褐色，裂成不规则的鳞状块片；大枝常平展；叶针状，灰绿色，在长枝上辐射伸展，短枝之叶成簇生状。雌雄同株；雄球花椭圆状卵形，长 2~3cm；雌球花卵圆形，长约 0.8cm；球果椭圆状卵形，熟时红褐色。花期 10—11 月，球果第二年9—10 月成熟。

习性： 较喜光，喜温和凉爽气候，抗寒性较强，能耐干旱瘠薄，不耐湿热和水涝。对二氧化硫极为敏感，抗烟害能力弱。

应用： 雪松树体高大，树形优美，终年常绿，为世界著名的观赏树，适宜在各类绿地造景。木材可作建筑、桥梁、造船、家具及器具等用。

雪松雄球花枝

雪松雄球花

雪松球果果枝

马尾松

学名： *Pinus massoniana*

别名： 青松、山松

科属： 松科　松属

形态： 常绿乔木，高达 45m，胸径达 1.5m；树冠宽塔形或伞状。树皮红褐色，呈不规则鳞状裂片。叶常 2 针 1 束，长 12~20cm，质软。球果长卵圆形，长 4~7cm，下垂，成熟时栗褐色，脱落而不宿存树上。花期 4—5 月；球果第二年 10—12 月成熟。

习性： 喜光、深根性树种，不耐荫蔽，喜温暖湿润气候，能生于干旱、瘠薄的红壤、石砾土及沙质土，或生于岩石缝中，为荒山恢复森林的先锋树种。

应用： 马尾松树形高大，为长江流域以南重要的造林树种。木材供建筑、家具及木纤维原料等用。树干可割取松脂，为医药、化工原料。

一诗一植物　一花一世界

题小松

〔唐〕李商隐

怜君孤秀植庭中，细叶轻阴满座风。

桃李盛时虽寂寞，雪霜多后始青葱。

一年几变枯荣事，百尺方资柱石功。

为谢西园车马客，定悲摇落尽成空。

马尾松球果

马尾松雄球花

马尾松雌球花序

马尾松球果与种子

成熟开裂的马尾松球果

杉 木

学名： *Cunninghamia lanceolata*

别名： 沙木、沙树

科属： 杉科 杉木属

形态： 常绿乔木，高达 30m，胸径可达 3m；树冠幼年期为尖塔形，大树为广圆锥形。树皮褐色，裂成长条片状脱落。叶在主枝上辐射伸展，侧枝的叶基部扭转成二列状，披针形或条状披针形，常微弯呈镰状，革质，坚硬；球果卵圆至圆球形，长 2.5~5cm，熟时苞鳞革质，棕黄色。花期 4 月，果 10 月下旬成熟。

习性： 阳性树种，喜温暖湿润气候，喜肥嫌瘦，畏盐碱土，喜深厚肥沃排水良好的酸性土壤。根系强大，萌芽更新能力强。

应用： 杉木主干端直，为我国长江流域、秦岭以南地区栽培最广、生长快、经济价值高的材用造林树种。材质优良，轻软而芬香，耐腐而又不受白蚁蛀食，可供建筑、家具、造船用。

一诗一植物 一花一世界

万杉寺

〔宋〕俞献可

栽培万杉树，延纳五峰云。

莲社松门接，陶居柳径分。

杉木人工林

杉木球果与种子

杉木雄球花

杉木球果

柳 杉

学名: *Cryptomeria japonica* var. *sinensis*

别名: 长叶孔雀松、椤杉

科属: 杉科 柳杉属

形态: 常绿乔木,高达 40m,胸径可达 2m 余;树皮红棕色,裂成长条片脱落;大枝平展或斜展,小枝细长,常下垂,绿色,枝条中部的叶较长,常向两端逐渐变短。叶钻形,先端内曲。雄球花集生于小枝上部,成短穗状花序;雌球花顶生于短枝上。球果圆球形或扁球形,径 1~2cm;种鳞约 20 片,上部有 4~5 裂齿;种子褐色,扁平。花期 4 月,球果 10 月成熟。

习性: 幼树能稍耐阴;喜温暖湿润的气候和土壤酸性、肥厚而排水良好的山地,生长较快。

应用: 柳杉树形高大,树干粗壮,极为雄伟,适宜作风景林观赏。材质轻而较松,易加工,可供建筑、造船和家具用;树皮入药,可治疮疥。

一诗一植物　一花一世界

和苏著作麻姑十咏·其二

〔宋〕李觏

五行与万类,有象皆在天。如何彼杉树,反更俟星躔。
予思古昔意,欲媚兹山巅。草木尚有斗,人物谁非仙。
栽培自何代,衰老今多年。大旱不减翠,涉春无益鲜。
生当好世界,过尽闲云烟。房心欲布政,柱石安可捐。

柳杉球果和雄球花

柳杉雄球花（未成熟）

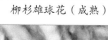

柳杉雄球花（成熟）

柳杉球果

水 杉

学名： *Metasequoia glyptostroboides*

科属： 杉科　水杉属

形态： 落叶乔木，树高达 35m，胸径达 2.5m；幼树树冠尖塔形，老树则为广圆形。干基常膨大；树皮灰褐色。叶交互对生，呈羽状排成，条形，扁平。雌雄同株，单性；雄球花单生于枝顶和侧方，排成总状或圆锥花序状；雌球花单生于去年生枝顶或近枝顶。球果近球形，熟时深褐色，下垂。花期 2 月，果当年 11 月成熟。

习性： 我国特有古老珍稀树种。喜光性强，生长速度快，对环境适应性较强。

应用： 水杉树体高大，树干通直，树姿优美，是重要的景观及四旁绿化树种。材质轻软，纹理直，可作为建筑、电杆及家具等用材。

一诗一植物　一花一世界

栽 杉
〔唐〕白居易

劲叶森利剑，孤茎挺端标。才高四五尺，势若干青霄。
移栽东窗前，爱尔寒不凋。病夫卧相对，日夕闲萧萧。
昨为山中树，今为檐下条。虽然遇赏玩，无乃近尘嚣。
犹胜涧谷底，埋没随众樵。不见郁郁松，委质山上苗。

水杉羽叶

水杉雄球花

水杉球果和种子

水杉在绿化中的应用

不同季节的水杉

柏　木

学名： *Cupressus funebris*

别名： 柏树

科属： 柏科　柏木属

形态： 常绿乔木，高达35m，胸径2m；树皮淡褐灰色，裂成窄长条片；小枝细长下垂，圆柱形，生叶的小枝扁平。鳞叶二型，长1~1.5mm，先端锐尖。球果圆球形，径8~12mm，熟时暗褐色；种鳞4对，盾形，有尖头。花期3—5月，种子第二年5—6月成熟。

习性： 喜生于温暖湿润的各种土壤地带，尤以在石灰岩山地钙质土上生长良好。

应用： 柏木树冠整齐，枝叶浓绿，生长快，适应性强，可作长江以南山地的造林树种。材质优，心材大，具有香气，可供建筑、造船、细工等用材。球果、枝、叶、根均可入药。

一诗一植物　一花一世界

题兴龙寺老柏院

〔宋〕张在

南邻北舍牡丹开，年少寻芳日几回。

惟有君家老柏树，春风来似不曾来。

柏木球果枝

柏木林

柏木雄球花

柏木雄球花和雌球花

刺 柏

学名： *Juniperus formosana*

别名： 台湾柏、山刺柏

科属： 柏科　刺柏属

形态： 常绿乔木，高达12m，胸径2.5m；树冠狭圆形。树皮灰褐色，小枝下垂。叶全刺形，三叶轮生，基部有关节，长1.2~2.0cm，表面略凹，有2条白色气孔带。球果球形或卵状球形，径6~10mm，果顶有3条辐状纵纹或略开裂；每果有种子3枚，熟时淡红褐色。花期4月，球果需要2年成熟。

习性： 我国特有树种。喜温暖湿润气候，耐寒耐旱；对土壤要求不严，常生于干旱贫瘠之地。

应用： 刺柏树形古朴，叶片苍翠，终年常青，在长江流域各大城市多栽培作庭园树，同时也是盆景制作的好材料。心材红褐色，纹理直，结构细，并耐水湿，可作船底、桥柱以及工艺品。

一诗一植物　一花一世界

老柏（节选）
〔宋〕苏辙

柏根可合抱，柏身长百尺。我年类汝老，我心同汝直。
我贫初无居，爱汝买此宅。索居怀旧友，开轩得三益。

刺柏球果枝

刺柏古树

刺柏枝叶

刺柏枝叶

罗汉松

学名： *Podocarpus macrophyllus*

别名： 罗汉杉、土杉

科属： 罗汉松科　罗汉松属

形态： 常绿乔木，高达 20m，胸径达 60cm；树冠广卵形。树皮灰色，呈薄鳞片状脱落。叶条状披针形，螺旋状互生，长 7~12cm。雌雄异株，雄球花 3~5 簇生叶腋，圆柱形；雌球花单生于叶腋。种子卵形，熟时紫色，着生于膨大的种托上；种托肉质，椭圆形，熟时紫色。花期 4—5 月；种子 8—10 月成熟。

习性： 半阴树种；喜生于排水良好而湿润的沙质壤土；耐寒性较弱。抗病虫害能力较强；寿命长。

应用： 罗汉松树形优美，造型独特，适宜作庭荫树、风景树，亦可修剪作盆景。材质细致均匀，易加工。可作家具、器具、文具及农具等用。

一诗一植物　一花一世界

罗汉松

〔清〕曾燠

莲社虚无人，留此一尊宿。岿然同五老，相望须眉绿。
想当侍远师，长未三尺足。身是菩提树，已非凡草木。
仲堪临北涧，僧彻啸南麓。师也摩其顶，千年缮性熟。
无心弄神通，变化骇流俗。老态益婆娑，支离复拳曲。
气作香炉云，声如石梁瀑。六朝栋梁材，摧朽何太速！

罗汉松种子

罗汉松雄球花

公园中的罗汉松

竹 柏

学名： *Nageia nagi*

别名： 大果竹柏、猪油木

科属： 罗汉松科　竹柏属

形态： 常绿乔木，高达20m，胸径达50cm；树冠圆锥形。叶对生，革质，形态与大小似竹叶，平行脉20~30条，无明显中脉。雌雄异株；雄球花穗状圆柱形，常呈分枝状；雌球花单生叶腋。种子核果状，圆球形，熟时紫黑色，外被白粉；花期3—5月，种子10月成熟。

习性： 耐阴，喜温热湿润气候，对土壤要求较严，在土层深厚、排水良好、富含腐殖质的酸性沙壤生长较好。

应用： 竹柏树冠浓郁，枝叶青翠而有光泽，是南方良好的庭荫树和园景树，亦是城乡四旁绿化的优秀树种。材质优良，可供建筑、家具、乐器、雕刻等用。种子含油，可供食用或工业用。

竹柏未成熟种子

竹柏成熟种子

竹柏雄球花

庭院内的竹柏

南方红豆杉

学名： *Taxus wallichiana* var. *mairei*

别名： 赤椎、美丽红豆杉

科属： 红豆杉科　红豆杉属

形态： 常绿乔木，高达 20 m，胸径 1.5 m。树皮赤褐色或灰褐色，浅纵裂。叶通常较宽较长，多呈镰状，下面气孔带黄绿色，色泽与中脉带相异。雌雄异株；假种皮杯状，红色；种子卵形，生于杯状肉质假种皮中。花苞形成后，第二年 3—4 月开花，种子 10—11 月成熟。

习性： 耐阴，喜凉爽湿润气候，抗寒性强。适宜在疏松湿润排水良好的沙质壤土上生长。

应用： 国家一级重点保护野生植物。南方红豆杉树形高大，可孤植或群植于公园、庭院观赏，又可作盆栽室内摆放。材质优良，供高档家具、钢琴外壳、细木工等用。木材及枝叶中可提取紫杉素作药用。

公园中的南方红豆杉古树群

南方红豆杉雄球花

南方红豆杉种子（未成熟）

南方红豆杉雌球花

南方红豆杉种子

榧 树

学名： *Torreya grandis*

别名： 榧、小果榧

科属： 红豆杉科　榧树属

形态： 常绿乔木，高达 25m，胸径 0.6~1.5m。树皮黄灰色纵裂；一年生小枝绿色，次年变为黄绿色。叶条形，先端凸尖，下面有 2 条黄白色气孔带与中脉近等宽。球花着生于枝叶背面。种子长圆形，卵形或倒卵形，长 2.0~4.5cm，熟时假种皮淡紫褐色，有白粉。花期 4—5 月，种子第二年 10 月成熟。

习性： 稍耐阴，喜温暖湿润气候，较耐寒；适生于酸性而肥沃深厚土壤；生长速度慢，寿命长。

应用： 国家二级重点保护野生植物。榧树树体高大，树冠整齐，枝叶繁密，可作园林观赏。种子可食，味香美，亦可榨油。材质致密而富弹力，耐朽，不翘裂，供造船及建筑等用。

香榧"*Merrillii*"——从榧树中选育的栽培品种，为著名干果。

一诗一植物　一花一世界

送郑户曹赋席上果得榧子

〔宋〕苏轼

彼美玉山果，粲为金盘实。瘴雾脱蛮溪，清樽奉佳客。
客行何以赠，一语当加璧。祝君如此果，德膏以自泽。
驱攘三彭仇，已我心腹疾。愿君如此木，凛凛傲霜雪。
斫为君倚几，滑净不容削。物微兴不浅，此赠毋轻掷。

香榧雄球花　　　　　　　　　　　　香榧雌球花

幼嫩种子　　　　　　　　　　　　香榧（去除假种皮）

榧树种子

垂　柳

学名： *Salix babylonica*

别名： 水柳、垂丝柳

科属： 杨柳科　柳属

形态： 落叶乔木，高达18m；树冠开展而疏散。小枝细长下垂。叶狭披针形，长8~16cm，先端渐长尖，缘有细锯齿，上面绿色，下面灰绿色。花序先叶开放，基部具有3~4片较小的叶。蒴果长3~4mm，黄褐色。花期3—4月；果熟期4—5月。

习性： 喜光，喜温暖湿润气候，适生于潮湿深厚的酸性及中性土壤。较耐寒。萌芽力强，根系发达；生长迅速，寿命较短。

应用： 垂柳枝条细长，柔软下垂，姿态优美潇洒，是河岸、堤坝、湿地绿化的理想树种。木材可作家具；枝条可编织篮、筐、箱等器具。枝、叶、芽均可入药。

一诗一植物　一花一世界

咏　柳

〔唐〕贺知章

碧玉妆成一树高，万条垂下绿丝绦。

不知细叶谁裁出，二月春风似剪刀。

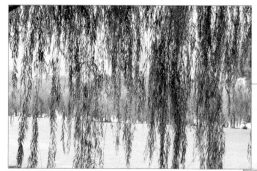

垂柳枝

路旁的垂柳树

初春的垂柳

垂柳花枝

杨 梅

学名： *Myrica rubra*

别名： 山杨梅

科属： 杨梅科　杨梅属

形态： 常绿乔木，高达 12m，胸径达 60cm；树冠近球形。树皮灰黑色。叶革质，常为椭圆状倒披针形，长 4~12cm，全缘或近端部有浅齿。雌雄异株，雄花序紫红色。核果球形，表面具乳头状突起，熟时深红色、紫黑色或白色，多汁；果核木质坚硬。花期 3—4 月，果期 6—7 月。

习性： 中性树种，稍耐阴；喜温暖湿润气候及排水良好的酸性土壤；稍耐寒。深根性，萌芽性强。对二氧化硫、氯气等有毒气体抗性较强。

应用： 杨梅枝繁叶茂，树冠圆整，初夏红果累累，十分可爱，是园林绿化结合生产的优良树种。果味酸甜适中，为著名水果，又可加工成杨梅干、罐头或蜜饯等；树皮富含单宁，可用作赤褐色染料及医药上的收敛剂。

一诗一植物　一花一世界

张户部惠山杨梅（节选）

〔宋〕张镃

聊将一粒变万颗，掷向青林化珍果。

仿佛芙蓉箭镞形，涩如鹤顶红如火。

杨梅雄花序　　　　　　杨梅雄花　　　　　　　杨梅雌花

杨梅果枝　　　　　　　　　　杨梅果实

杨梅果园

华东野核桃

学名： *Juglans mandshurica*

别名： 华胡桃、野核桃

科属： 胡桃科　胡桃属

形态： 落叶乔木，高达 25m。树皮灰褐色，浅纵裂。小枝、叶柄、果实均匀密被褐色腺毛。小叶 9~17 枚，对生或近对生，卵状长椭圆形，基部圆形或心形，歪斜，叶缘及叶背有灰色星状毛。雄花序长 9~30cm；雌花序具花 5~10 朵，柱头紫红色。核果卵形，密被腺毛。花期 4—5 月，果熟期 9—10 月。

习性： 喜光，喜温凉湿润气候，适生于深厚、肥沃而排水良好的微酸性土壤。

应用： 华东野核桃可作核桃砧木。果实可作干果。木材坚硬，纹理美观，可制精致家具。

核桃（胡桃）*J. regia*，小叶 5~9 枚，椭圆状卵形，先端钝圆或微尖，全缘，除下面脉腋簇生毛外，其余无毛。著名干果、木本油料、用材和绿化树种。

一诗一植物　　一花一世界

闻　钟

〔元末明初〕王逢

苜蓿胡桃霜露浓，衣冠文物叹尘容。皇天老去非无姓，众水东朝自有宗。
荆楚旧烦殷奋伐，赵陀新拜汉官封。狂夫待旦夕良苦，喜听寒山半夜钟。

华东野核桃雄花序

华东野核桃雌花序

华东野核桃果实

枫 杨

学名： *Pterocarya stenoptera*

别名： 麻柳、元宝树

科属： 胡桃科　枫杨属

形态： 落叶乔木，高达 30m，胸径达 1m。树皮老时深纵裂，枝具片状髓；裸芽密被褐色毛，叠生副芽。偶数羽状复叶，叶轴有翼，小叶 10~16 枚，缘有细锯齿，顶生小叶有时不发育。果序下垂，长 20~30cm；坚果具 2 斜展的果翅，长圆形或长圆状披针形。花期 4—5 月；果熟期 8—9 月。

习性： 喜光，喜温暖湿润环境，较耐寒；耐湿性强。对土壤要求不严，在酸性至微碱性土上均可生长。萌芽力强，生长迅速。

应用： 枫杨树冠宽广，枝叶茂密，生长快，适应性强，在各地多栽为遮阴树及行道树；又因枫杨根系发达、较耐水湿，常作水边护岸固堤及防风林树种。木材可制作箱板、农具、家具、火柴杆等。树皮和枝叶含鞣质，入药治疗癣和皮肤病。

一诗一植物　一花一世界

枫 杨

〔明〕吴承恩

数村木落芦花碎，几树枫杨红叶坠。

路途烟雨故人稀，黄菊丽，山骨细，水寒荷破人憔悴。

出自《西游记》

枫杨花序

枫杨果序

枫杨果枝

枫杨林

青钱柳

学名： *Cyclocarya paliurus*

别名： 摇钱树

科属： 胡桃科　青钱柳属

形态： 落叶乔木，高 10~20m。树皮老时灰褐色，深纵裂；裸芽被褐色腺鳞。奇数羽状复叶，小叶 7~13 枚，椭圆形至长圆状披针形，侧生小叶基部偏斜，有细锯齿；上面中脉密被淡褐色毛及腺鳞，下面有腺鳞，沿叶脉有毛。果实具翅，形似铜钱，径 3~6cm。花期 5—6 月，果期 9 月。

习性： 喜光，幼苗稍耐阴；适生于土层深厚，排水良好的沙质壤土；耐旱，萌芽力强，生长速度中等。

应用： 青钱柳枝叶舒展，果如铜钱，可作园林观赏树。木材轻软，纹理交错，胶黏性和油漆性能好，是家具良材；树皮含鞣质，可提制栲胶。嫩叶可作甜茶，有降糖、降压、提高免疫力等功效。

一诗一植物　一花一世界

拟营生圹十首·其四

〔清〕王季珠

小拓佳城地数弓，吹笙击鼓戏樵童。

四隅植有摇钱树，补救平生两手空。

青钱柳果枝

青钱柳枝芽

青钱柳雄花序

青钱柳果实

亮叶桦

学名： *Betula luminifera*

别名： 光皮桦

科属： 桦木科　桦木属

形态： 落叶乔木，树高达 20m，胸径 80cm。树皮红褐色，具横向皮孔。小枝密被淡黄色短柔毛，具麝香味。叶长卵形或卵形，长 4~12cm，叶缘具不规则刺毛状重锯齿，叶背有腺点。雄花序顶生。果序单生叶腋，下垂，果苞常 3 裂。花期 3—4 月，果期 5—6 月。

习性： 喜温暖湿润气候，适生于深厚肥沃、排水良好的酸性沙壤土；耐干旱瘠薄，适应性强。

应用： 亮叶桦树体高大，生长迅速，适宜作道路或山地绿化树。材质优良，可作家具、造纸、建筑等用材。树皮、叶、芽可提取芳香油和树脂。

一诗一植物　一花一世界

塞外山皆桦木不闻禽鸟因诗记之二首·其一
〔明〕陈琏

满山桦木拂云平，终日绝闻禽鸟鸣。

海子波澄砂碛远，空余雁影与雕声。

初春的亮叶桦

亮叶桦果枝

亮叶桦花序

亮叶桦树干

桤 木

学名： *Alnus cremastogyne*

科属： 桦木科　桤木属

形态： 乔木，高可达 30~40m；树皮灰色，平滑；枝条灰色或灰褐色；小枝褐色。叶倒卵形或倒卵状长圆形，长 4~14cm，宽 2.5~8cm，顶端骤尖或锐尖，基部楔形或微圆，边缘疏生细齿，下面密生腺点。雌雄同株；雌、雄花序均单生，雄花序圆柱形，雌花序棒槌形。果序单生于叶腋，矩圆形，果序梗细长下垂，长 4~8cm。花期 3—4 月，果熟期 8—10 月。

习性： 喜光，喜温湿气候，耐水湿。对土壤适应性较强。播种成林，常能飞籽成林。

应用： 为我国特有树种。多引种作行道树、山地绿化树或菇木林树种，亦应用于园林。木材较松，宜作薪炭及燃料，亦可做镜框或箱子等用具。

一诗一植物　一花一世界

凭何十一少府邕觅桤木栽

〔唐〕杜甫

草堂堑西无树林，非子谁复见幽心。

饱闻桤木三年大，与致溪边十亩阴。

桤木枝叶

桤木果枝

桤木花序

桤木花序

桤木果实

青 冈

学名： *Cyclobalanopsis glauca*

别名： 青冈栎

科属： 壳斗科　青冈属

形态： 乔木，高达 20m；树皮灰褐色，不裂。小枝无毛。叶片革质，倒卵状椭圆形或长椭圆形，长 6~13cm，宽 2~5.5cm，先端短渐尖，基部宽楔形或圆形，边缘中上部有锯齿，背面有白粉和平伏柔毛。壳斗单生或 2~3 个集生，碗形，包着坚果 1/3~1/2；苞片合生成 5~8 条同心环带，环带全缘；坚果卵形。花期 4—5 月，果熟期 10 月。

习性： 喜温暖多雨气候，较耐阴；常生于石灰岩山地，在排水良好、腐殖质深厚的酸性土壤上亦生长良好。

应用： 为良好的园林观赏树种；也可作绿化树种。木材坚韧，可供桩柱、车船、工具柄等用。种子含有淀粉，可酿酒，做糕点、豆腐；壳斗、树皮还可提取栲胶。

一诗一植物　一花一世界

感讽五首　其三

〔唐〕李贺

南山何其悲，鬼雨洒空草。长安夜半秋，风前几人老。

低迷黄昏径，袅袅青栎道。月午树无影，一山唯白晓。

漆炬迎新人，幽圹萤扰扰。

青冈花序

青冈树干

青冈果枝

青冈果实

板 栗

学名： *Castanea mollissima*

别名： 木栗、毛栗

科属： 壳斗科　栗属

形态： 落叶乔木，高达 20m。树皮灰褐色，不规则深纵裂。幼枝被灰褐色茸毛。叶长椭圆形至长椭圆状披针形，长 8~20cm，宽 4~7cm，先端短渐尖，齿端有芒状尖头，下面被星状毛，叶柄长 1~2cm，托叶宽卵形。雌雄同株，雄花为直立柔荑花序，雌花单独或数朵生于总苞内。壳斗球形，密被长针刺，内含 1~3 枚坚果。花期 5—6 月，果熟期 9—10 月。

习性： 喜光树种，对土壤要求不甚严，喜微酸性或中性土壤。

应用： 营养丰富，是美味可口的干果。木材坚硬耐磨，耐湿，可供桥梁、枕木等用。为良好的蜜源植物。

一诗一植物　一花一世界

入超化寺水村去密二十

〔明〕袁宏道

颓峦垒谷泻溪光，石上题名尚李唐。

竹叶送阴遮古寺，稻芒随水出山庄。

一林过雨芦花白，半壁疏云栗子黄。

犹记西风红蓼里，桐槽载网入潇湘。

板栗花序

板栗果实（外被壳斗）

板栗果实

苦 槠

学名： *Castanopsis sclerophylla*

别名： 槠栗、血槠、苦槠子

科属： 壳斗科　栲属

形态： 常绿乔木，高15m；树皮深灰色，纵裂；小枝具棱，枝、叶均无毛。叶片革质，长椭圆形，长5~15cm，宽3~6cm，顶端渐尖或短尖，边缘中部以上疏生锐锯齿，叶背银灰绿色。果序长8~15cm；壳斗深杯形，几乎全部包围坚果，苞片排列成4~6个同心环带；坚果单生，近球形，有褐色细茸毛。花期5月，10月果熟。

习性： 多生于海拔1 000m以下低山丘陵地区。喜温暖、湿润气候，喜光，也能耐阴；喜深厚、湿润土壤，也耐干旱、瘠薄。

应用： 枝叶茂密，四季常绿，可作绿化观赏树种应用。果实可制成苦槠豆腐食用。

一诗一植物　一花一世界

谷 中

〔宋〕释文珦

谷口松泉相和鸣，山蹊诘曲少人登。

苦槠一树猿偷尽，懊杀庵居老病僧。

开花中的苦槠树

苦槠花序　　　　　　　　　　　盛开的苦槠花序

苦槠果实（外被壳斗）　　　　　　　苦槠果实

甜 槠

学名：*Castanopsis eyrei*

别名：茅丝栗、丝栗、甜锥

科属：壳斗科　栲属

形态：乔木，高达20m，胸径50cm，大树的树皮纵深裂，枝、叶均无毛。叶革质，卵形，披针形或长椭圆形，长5~13cm，顶部长渐尖，常向一侧弯斜，基部偏斜，全缘或在顶部有少数浅裂齿。雌雄同株。壳斗卵球形，顶端狭，三瓣裂，苞片刺形，坚果阔圆锥形，顶部锥尖，无毛。花期4—6月，果第二年9—11月成熟。

习性：生于海拔300~1 700m丘陵或山地疏或密林中。适于气候温暖多雨地区的肥沃、湿润的酸性土上生长，在瘠薄的石砾土上也能生长。幼年耐阴，成年则需一定的光照。

应用：果实可食；木材坚硬，可供工业用材；树皮和壳斗含鞣质。

一诗一植物　一花一世界

润陂山上作

〔宋〕赵师秀

一山大半皆槠叶，绝顶闲寻得径微。无日漫劳携纸扇，有风犹怯去绵衣。
野花可爱移难活，啼鸟多情望即飞。惟与寺僧居渐熟，煮花深院待人归。

甜槠花序

甜槠果实（外被壳斗）

甜槠果实（外被壳斗）

开花时的甜槠树

麻栎

学名： *Quercus acutissima*

别名： 栎、橡碗树

科属： 壳斗科　栎属

形态： 落叶乔木，高达30m，胸径达1m，树皮深灰褐色，不规则深纵裂。叶片长椭圆状披针形，长8~19cm，宽2~6cm，顶端长渐尖，基部圆形或宽楔形，叶缘有刺芒状锯齿，两面同色。雄花序常数个集生于当年生枝下部叶腋。壳斗杯形，包着坚果约1/2，小苞片钻形或扁条形，向外反曲，坚果近球形。花期3—4月，果期第二年9—10月。

习性： 喜光，深根性，对土壤条件要求不严，但不耐盐碱；主要分布于低山丘陵地带。

应用： 种子、树皮、叶入药。种子可酿酒和作饲料；木材坚硬、耐磨，供机械用材；全木可以截段成段木后种植香菇和木耳。

一诗一植物　一花一世界

栎　园

〔宋〕吴龙起

栎园依古寺，景物久凄凉。荆棘无人翦，亭台逐处荒。

数禽栖曲沼，独犬吠空堂。惆怅梅花发，凭谁管暗香。

开花时的麻栎树

麻栎枝叶

麻栎花序

麻栎果实（外被壳斗）

白 栎

学名： *Quercus fabri*

别名： 择子树

科属： 壳斗科　栎属

形态： 落叶乔木或灌木状，高达 20m，树皮灰褐色，深纵裂。叶片倒卵形或椭圆状倒卵形，长 7~15cm，宽 3~8cm，顶端钝或短渐尖，基部楔形或窄圆形，叶缘具波状锯齿或粗钝锯齿，叶柄长 3~5mm。壳斗碗状，包着坚果约 1/3，小苞片排列紧密，在口缘处稍伸出，不外卷。坚果长椭圆形。花期 4 月，果期10 月。

习性： 喜光，喜温暖气候，较耐阴；在湿润肥沃深厚、排水良好的中性至微酸性沙壤土上生长最好。

应用： 木材供建筑、家具用。果实含淀粉，可作饲料。枝干可培养香菇。果实的虫瘿可入药。

一诗一植物　一花一世界

访别韦隐居不值
〔唐〕许浑

犬吠双岩碧树间，主人朝出半开关。汤师阁上留诗别，杜叟桥边载酒还。
栎坞炭烟晴过岭，蓼村渔火夜移湾。故乡芜没兵戈后，凭向溪南买一山。

秋天的白栎林

白栎花序

白栎果实

钩 栗

学名： *Castanopsis tibetana*

别名： 钩锥、大叶锥栗、钩栲

科属： 壳斗科　栲属

形态： 常绿大乔木，高达 30m，树皮灰褐色，粗糙，成薄片状剥落；枝、叶均无毛。叶革质，卵状椭圆形，长 15~30cm，宽 5~10cm，叶缘至少在近顶部有锯齿状锐齿，侧脉直达齿端，叶背红褐色（新生叶）、淡棕灰或银灰色（老叶）。雄穗状花序或圆锥花序，花序轴无毛，雄蕊通常 10 枚；雌花序长 5~25cm，花柱 3 枚，长约 1mm，果序轴横切面径 4~6mm；壳斗有坚果 1 个，圆球形，连刺径 60~80mm 或稍大，整齐的 4 瓣开裂；坚果扁圆锥形，高 1.5~1.8cm，横径 2~2.8cm，被毛，果脐占坚果面积约 1/4。花期 4—5 月，果第二年 8—10 月成熟。

习性： 喜雨量充沛和温暖气候，能耐阴，喜深厚、湿润中性和酸性土，亦耐干旱和瘠薄。深根性，萌芽性强。多生于海拔 800m 以下较湿润的山谷、山坡阔叶林中。山区村旁有较大古树。

应用： 木材致密、坚韧、富弹性，供建筑、枕木、家具、体育用具用材。树冠球形，叶大荫浓，四季常绿，可作绿化观赏树种应用。果可生食或炒食。

一诗一植物　　一花一世界

乾元中寓居同谷县作歌七首·其一

〔唐〕杜甫

有客有客字子美，白头乱发垂过耳。岁拾橡栗随狙公，天寒日暮山谷里。
中原无书归不得，手脚冻皴皮肉死。呜呼一歌兮歌已哀，悲风为我从天来。

钩栗枝叶 1

钩栗枝叶 2

钩栗果实（外被壳斗）

钩栗树干

钩栗花序

榔 榆

学名： *Ulmus parvifolia*

别名： 小叶榆

科属： 榆科　榆属

形态： 落叶乔木，高达25m，胸径可达1m，树皮不规则斑片状剥落，树干斑驳貌。叶质地厚，披针状卵形或窄椭圆形，长1.7~8cm，宽0.8~3cm，先端尖或钝，基部偏斜，叶面深绿色，有光泽，边缘具单锯齿。花秋季开放，簇生于当年生枝叶腋。翅果椭圆形或卵状椭圆形。花果期8—10月。

习性： 生长于平原、丘陵、山坡及谷地。喜光，耐干旱，在酸性、中性及碱性土上均能生长。

应用： 茎、叶、皮可入药；树形优美，具有较高的观赏价值；制作成盆景，观赏效果良好。材质坚韧，可作车、船、农具等用材。树皮可作人造棉原料、织麻袋、编绳索。

一诗一植物　一花一世界

到李山寺

〔宋〕王谌

策杖扣禅坊，空山草木长。殿荒人晒席，僧去佛无香。
榆树苔衣绿，松花粉穗黄。兹行无伴侣，独自绕修廊。

榔榆树干　　　　　　　　　　榔榆秋叶

榔榆花枝　　　　　　　　　　榔榆花

榔榆果实

榉 树

学名： *Zelkova schneideriana*

别名： 大叶榉树、大叶榆

科属： 榆科 榉树属

形态： 乔木，高达 25m。一年生小枝密被灰色柔毛。叶片卵形、卵状披针形、椭圆状卵形，长 3.6~10.3（~12.2）cm，宽 1.3~3.7（~4.7）cm，先端渐尖，基部宽楔形或圆形，单锯齿桃尖形，具钝尖头，上面粗糙，具脱落性硬毛，下面密被淡灰色柔毛，侧脉 8~14 对，直伸齿尖，叶柄长 1~4cm，密被毛。坚果径 2.5~4cm。花期 3—4 月，果期 10—11 月。

习性： 深根性，喜光树种，适于温暖湿润气候及肥沃的酸性、中性及钙质土。多散生于海拔 700m 以下山地及平原。

应用： 树形雄伟，冠大荫浓，观赏价值较高。材质优良，可供家具、造船、桥梁、建筑等用。

一诗一植物　一花一世界

寄山中友人·其一
〔宋〕释文珦

闻道幽栖野思饶，径无尘迹草萧萧。长松架壑因为屋，老榉横溪便作桥。
煮石未须闲水碓，漱流何必弃风瓢。吾生更爱深居乐，定拟相从不待招。

榉树叶片

榉树花序

榉树结果枝

秋天的榉树

榉树秋叶

糙叶树

学名： *Aphananthe aspera*

别名： 白鸡油树

科属： 榆科　糙叶树属

形态： 落叶乔木，高达 20m，胸径 1m。树皮黄褐色，老时纵裂。叶片卵形或椭圆状卵形，长 4~13cm，宽 1.8~4cm，两面有平伏硬毛，基出三出脉，侧脉直伸达齿尖，先端渐尖或长渐尖，基部近圆形或宽楔形，叶缘自基部以上具细锐单锯齿。果近球形，黑色。花期 4—5 月，果期 10 月。

习性： 喜光也耐阴，喜温暖湿润的气候和深厚肥沃沙质壤土。对土壤的要求不严，但不耐干旱瘠薄。

应用： 枝皮纤维供制人造棉、绳索用；木材坚硬细密，可供制家具、农具和建筑用；叶面粗糙，供金属器具擦亮用。

糙叶树古树

糙叶树果枝

糙叶树花枝

朴　树

学名： *Celtis sinensis*

别名： 黄果朴、沙朴

科属： 榆科　朴属

形态： 落叶乔木，高达 20m。树皮褐灰色，粗糙而不裂；小枝密被毛。叶片宽卵形、卵状长椭圆形，长 3.5~10cm，宽 2~5cm，先端急尖，基部圆形偏斜，边缘中部以上具疏而浅锯齿，下面网脉隆起；叶柄长 5~10mm，被柔毛。核果单生或 2~3 个并生叶腋，近球形，径 4~6mm，熟时红褐色；果梗与叶柄近等长。花期 4 月，果期 10 月。

习性： 喜光，稍耐阴，喜温暖湿润气候，适生于肥沃平坦之地。常生于村落郊野、路旁、溪边、河岸等处。

应用： 木材坚硬，可供工业用材；茎皮为造纸和人造棉原料；根、皮、嫩叶入药；亦可作行道树，主要用于绿化道路，栽植公园小区，景观树等。

一诗一植物　一花一世界

古朴树歌

〔明〕张羽

山前古木不知年，婆娑黛色上参天。
霜柯反足斗龙虎，偃盖倒影鸣蜩蝉。
绿叶参差有生意，中间孔穴萃虫蚁。
上枝杳杳横苍云，下根落落穿厚地。
树傍古庙祀土神，人来酹酒浇树根。
但愿神灵长血食，树木与人终古存。
村中老人长孙子，自言此树多年纪。
忆作儿童上树时，今见根柯已如此。
曾经丧乱见太平，几遇斧斤还不死。
山僧爱此来诛茅，盘郁苍翠当檐栱。
待余六月携床至，卧听南风鸣海涛。

秋季的朴树叶

朴树枝叶

朴树果枝

公园一角的朴树

朴树花枝

构　树

学名： *Broussonetia papyrifera*

别名： 谷树

科属： 桑科　构属

形态： 落叶乔木，高 10~20m。树皮灰色，平滑；小枝粗壮，密被绒毛；全株含乳汁。叶互生，常在枝端对生，叶片宽卵形，长 7~18cm，宽 4~10cm，叶缘有粗齿，不裂或 3~5 深裂，上面具糙伏毛，下面密被绒毛；叶柄密被绒毛。花单性，雌雄异株；雄柔荑花序长 6~8cm，着生于叶腋；雌花序头状。聚花果球形，径约 3cm，橙红色。花期 5 月上旬，果期 8—9 月。

习性： 喜光，适应性强，耐干旱瘠薄，也能生于水边，多生于石灰岩山地，也能在酸性土及中性土上生长；耐烟尘，抗大气污染力强。

应用： 可用作为荒滩、偏僻地带及污染严重的工厂的绿化树种；果与根皮入药；树皮造纸。

构树大树状

构树枝叶

构树雌花序和果实

连香树

学名： *Cercidiphyllum japonicum*

科属： 连香树科　连香树属

形态： 落叶大乔木，高 10~30m；树皮棕灰色，呈薄片剥落；短枝在长枝上对生。生短枝上的叶近圆形、宽卵形或心形，生长枝上的叶椭圆形或三角形，长 4~7cm，宽 3.5~6cm，先端圆钝或急尖，基部心形或截形，边缘有圆钝锯齿，掌状脉 7 条直达边缘。雄花常 4 朵丛生，雌花 2~6（~8）朵丛生。菁葖果 2~4 个，荚果状，微弯，形似小香蕉。花期 4 月，果期 8 月。

习性： 生在山谷边缘或林中开阔地的杂木林中，海拔 650~2 700m。耐阴性较强，幼树须长在林下弱光处，成年树要求一定的光照条件。

应用： 极具观赏性价值，是园林绿化、景观配置的优良树种，稀有珍贵的用材树种。

连香树嫩枝叶

连香树树干

连香树秋叶

连香树种子

连香树花

连香树枝叶（叶腋处为开花后）

玉 兰

学名： *Magnolia denudata*

别名： 白玉兰、木兰、望春花

科属： 木兰科　木兰属

形态： 落叶乔木，高达25m。叶纸质，宽倒卵形或倒卵状椭圆形，长8~18cm，宽6~10cm，先端宽圆、平截或稍凹，具短突尖，中部以下渐狭成楔形，全缘；叶柄长1~2.5cm，托叶痕为叶柄长的1/4~1/3。花先叶开放，直径12~15cm，芳香；花被片9片，白色，基部常带粉红色，近相似。聚合果不规则圆柱形。花期2—3月，果期8—9月。

习性： 喜光，较耐寒，可露地越冬。喜肥沃、排水良好而带微酸性的沙质土壤，在弱碱性的土壤上亦可生长。

应用： 早春繁花满树，秀雅朴实，为著名优良庭院观赏树种；材质优良，木材细致，用作家具、细木工用料；花蕾入药。

一诗一植物　一花一世界

题玉兰

〔明〕沈周

翠条多力引风长，点破银花玉雪香。

韵友自知人意好，隔帘轻解白霓裳。

初春之玉兰

玉兰花

玉兰果实

玉兰花枝

深山含笑

学名： *Michelia maudiae*

别名： 光叶白兰花、莫夫人含笑花

科属： 木兰科　含笑属

形态： 常绿乔木，高达 20m，各部无毛；芽、嫩枝、叶下面、苞片均被白粉。叶互生，革质，长圆状椭圆形，长 7~18cm，宽 4~8cm，先端急尖或钝尖，基部楔形或近圆钝；叶柄长 1~3cm，无托叶痕。花被片 9 片，芳香，纯白色，基部稍呈淡红色，外轮的倒卵形，长 5~7cm，宽 3.5~4cm，内两轮则渐狭小。聚合果长 7~15cm。花期 2—3 月，果期 9—10 月。

习性： 散生于海拔 1 300m 以下湿润山地的沟谷、山坡林中；喜温暖湿润环境。喜土层深厚、疏松、肥沃、排水良好的酸性沙质土。

应用： 早春优良芳香观花树种，也是优良的园林和四旁绿化树种。木材纹理直，结构细，易加工，供家具、板料、绘图板、细木工用材。花可提取芳香油。

一诗一植物　一花一世界

含笑花

〔宋〕施宜生

百步清香透玉肌，满堂和气自心和。
褰帷跂客相迎处，射雉春风得意时。

深山含笑花枝

深山含笑果枝

深山含笑花与花蕾

深山含笑果实和种子

广玉兰

学名： *Magnolia grandiflora*

别名： 荷花玉兰

科属： 木兰科　木兰属

形态： 常绿乔木，高达 30m；树皮淡褐色或灰色，老时薄鳞片状开裂。叶厚革质，椭圆形，长圆状椭圆形或倒卵状椭圆形，长 10~20cm，宽 4~10cm，先端钝或短钝尖，基部楔形，叶面深绿色，有光泽；叶柄无托叶痕，具深沟。花生于枝顶，白色，有芳香，直径 15~20cm。聚合果圆柱形；长 7~10cm，径 4~5cm。花期 5—6 月，果期 9—10 月。

习性： 喜光，亦颇耐阴，喜温暖湿润气候，喜肥沃润湿而排水良好的土壤。

应用： 树姿雄伟壮丽，花大色白，状如荷花，芳香，为美丽的庭园绿化观赏树种。木材黄白色，材质坚重，可供装饰材用。叶、幼枝和花可提取芳香油；叶入药治高血压。

一诗一植物　一花一世界

亭下玉兰花开

〔宋〕陆文圭

初如春笋露纤娇，拆似红莲白羽摇。

亭下吟翁步明月，玉人虚度可怜宵。

广玉兰花朵

广玉兰果实

厚 朴

学名： *Magnolia officinalis*

别名： 重皮、厚皮树

科属： 木兰科　木兰属

形态： 落叶乔木，高达 20m；树皮厚，褐色，不开裂。叶大，近革质，聚生于枝端，长圆状倒卵形，长 22~45cm，宽 10~24cm，先端具短急尖或圆钝，基部楔形，全缘而微波状，上面绿色，下面灰绿色，有白粉。叶柄粗壮，托叶痕长为叶柄的 2/3。花与叶同时开放，白色，芳香。聚合果长圆状卵圆形。花期 5—6 月，果期 8—10 月。

习性： 性喜光，能耐侧方荫蔽。在土层深厚、肥沃、疏松、腐殖质丰富、排水良好的微酸性或中性土壤上生长较好。

应用： 树皮为著名中药。木材供建筑、板料、家具、雕刻、乐器、细木工等用。叶大荫浓，花大美丽，可作绿化观赏树种。

一诗一植物　一花一世界

山花子

〔清〕沈曾植

篱外高枝厚朴花。雨晴山鹊语喳喳。斋罢道人无一事，数檐牙。

日与春迟弥澹水，梦随人散没开遮。唤取樵青擎茗碗，碧萝芽。

厚朴叶

厚朴果枝

厚朴花

厚朴果实

鹅掌楸

学名： *Liriodendron chinense*

别名： 马褂木

科属： 木兰科　鹅掌楸属

形态： 落叶大乔木，高达 40m，胸径 1m 以上。叶马褂状，长 6~16cm，先端平截或微凹，近基部每边具 1 侧裂片，下面苍白色，幼叶中脉平滑无毛，叶柄长 4~14cm。花杯状，花被片 9 片，绿色，外轮 3 片向外弯垂，内两轮 6 片直立，具黄色纵条纹；开花时雌蕊群超出花被之上；聚合果长 7~9cm。花期 5 月，果期 9—10 月。

习性： 性喜光及温和湿润气候，喜深厚肥沃、排水良好的酸性或微酸性土壤。有一定的耐寒性，生长速度快。

应用： 木材为建筑、造船、家具、细木工的优良用材，亦可制胶合板；叶和树皮入药。树干挺直，树冠伞形，叶形奇特，秋叶美丽，是优美的庭荫树和街道树种。

鹅掌楸人工林

鹅掌楸枝叶

鹅掌楸花

鹅掌楸果实

红毒茴

学名： *Illicium lanceolatum*
别名： 莽草、披针叶茴香、红茴香、山木蟹
科属： 木兰科　八角属
形态： 常绿小乔木。枝叶揉碎具茴香气味。叶常簇生于枝顶，革质，披针形、倒披针形或倒卵状椭圆形，长5~15cm，宽1.5~4.5cm，先端尾尖或渐尖，上面光亮，中脉在叶面微凹陷、在叶下面稍隆起，网脉不明显。花腋生或近顶生，单生或2~3朵，红色、深红色；蓇葖10~14枚，单个蓇葖顶端有向后弯曲的钩状尖头。花期4—6月，果期8—10月。
习性： 喜湿润温暖气候，喜肥沃、排水良好的酸性土壤。常生于阴湿峡谷和溪流沿岸。
应用： 果和叶有强烈香气，可提芳香油，为高级香料的原料。根和根皮有毒，可入药。果实有毒，不可作八角茴香使用。

红毒茴枝叶

红毒茴花枝

红毒茴果实

红毒茴花

樟 树

学名： *Cinnamomum camphora*

别名： 香樟

科属： 樟科　樟属

形态： 常绿大乔木，高可达 30m，直径可达 3m，树冠广卵形。树皮黄褐色，不规则纵裂。叶片薄革质，卵状椭圆形，长 6~12cm，宽 2.5~5.5cm，边缘全缘，有时呈微波状，具离基三出脉，上面脉腋泡状隆起，背面具明显腺窝，叶背略有白粉。圆锥花序腋生；花小，绿白或带黄色。果卵球形或近球形，熟时紫黑色。花期 4—5 月，果期 8—11 月。

习性： 喜光，稍耐阴；喜温暖湿润气候，耐寒性不强。对土壤要求不严，但不耐干旱、瘠薄和盐碱土。寿命长可达千年以上。

应用： 木材及根、枝、叶可提取樟脑和樟油，供医药及香料工业用。根、果、枝和叶入药。木材又为造船、橱箱和建筑等用材。是城市绿化的优良树种。

一诗一植物　　一花一世界

樟 树

〔宋〕舒岳祥

樛枝平地虬龙走，高干半空风雨寒。

春来片片流红叶，谁与题诗放下滩。

樟树新叶

樟树花枝

樟树果枝

古樟树

刨花润楠

学名： *Machilus pauhoi*

别名： 刨花楠

科属： 樟科　润楠属

形态： 常绿乔木，直径达30cm。树皮灰褐色，有浅裂。叶常集生小枝梢端，椭圆形或狭椭圆形，间或倒披针形，长7~15（17）cm，宽2~4（5）cm，先端渐尖或尾状渐尖，尖头稍钝，基部楔形，革质，上面无毛，下面密被灰黄色贴伏绢毛。聚伞状圆锥花序生当年生枝下部；果球形，直径约1cm，熟时黑色。花期3月，果期6月。

习性： 耐阴，深根性。喜温暖湿润气候，适生于土层深厚肥沃的土壤。生于土壤湿润肥沃的山坡灌丛或山谷疏林中。

应用： 木材供建筑、制家具，刨成薄片，叫"刨花"，浸水中可产生黏液，并可用于制纸。种子含油脂，可制造蜡烛和肥皂。树冠美观，春天新枝叶鲜红色，可选为园林绿化树种。

一诗一植物　一花一世界

楼　上

〔唐〕杜甫

天地空搔首，频抽白玉簪。皇舆三极北，身事五湖南。
恋阙劳肝肺，论材愧杞楠。乱离难自救，终是老湘潭。

刨花润楠花序

刨花润楠新叶

刨花润楠种子（郎学军提供）

刨花润楠主干基部

檫 木

学名： *Sassafras tzumu*

别名： 檫树

科属： 樟科　檫木属

形态： 落叶乔木，胸径达 2.5m；树皮幼时平滑，老时不规则纵裂。叶互生，聚集于枝顶，卵形或倒卵形，长 9~18cm，宽 6~10cm，先端渐尖，基部楔形，全缘或 2~3 浅裂，羽状脉或离基三出脉；叶柄鲜时常带红色。总状（假伞形）花序顶生，先叶开放，黄色，雌雄异株。果近球形，直径达 8mm，成熟时蓝黑色而带有白蜡粉。花期 3—4 月，果期 5—9 月。

习性： 喜光，不耐荫蔽；喜温暖湿润气候及深厚而排水良好的酸性土壤，多生于山谷、山脚及缓坡之红壤或黄壤上。深根性，萌芽力强，生长快。

应用： 材质优良，用于造船、水车及上等家具；根和树皮入药。树干挺拔、叶片宽大而奇特，晚秋叶变红黄色，春天有小黄花开于叶前，颇为秀丽，是良好的城乡绿化树种。

檫木幼叶及幼果　　　　　　　　　　檫木花枝

檫木果枝　　　　　　　　　　檫木花序

开花期的檫木

红 楠

学名： *Machilus thunbergii*

别名： 山钓樟

科属： 樟科　润楠属

形态： 常绿中等乔木，通常高 10~15（20）m。嫩枝紫红色。叶倒卵形至倒卵状披针形，长 4.5~10cm，宽 2~4cm，先端短突尖或短渐尖，尖头钝，基部楔形，革质，上面有光泽，下面带粉白；叶柄和中脉带红色。花序顶生或在新枝上腋生；多花，总梗带紫红色。果扁球形，初时绿色，后变黑紫色；果梗鲜红色。花期 2 月，果期 7 月。

习性： 喜温暖湿润气候，稍耐阴，有一定的耐寒能力，是楠木类中最耐寒者。喜肥沃湿润的中性或微酸性土壤。

应用： 供建筑、家具、小船、胶合板、雕刻等用。树皮入药。有较强的耐盐碱性及抗海潮风能力。在东南沿海各地低山地区，可选用红楠为用材林和防风林树种，也可作为庭园树种。

一诗一植物　　一花一世界

楠树为风雨所拔叹

〔唐〕杜甫

倚江楠树草堂前，故老相传二百年。诛茅卜居总为此，五月仿佛闻寒蝉。
东南飘风动地至，江翻石走流云气。干排雷雨犹力争，根断泉源岂天意。
沧波老树性所爱，浦上童童一青盖。野客频留惧雪霜，行人不过听竽籁。
虎倒龙颠委榛棘，泪痕血点垂胸臆。我有新诗何处吟，草堂自此无颜色。

红楠花枝

红楠果枝

伯乐树

学名： *Bretschneidera sinensis*

别名： 钟萼木

科属： 伯乐树科　伯乐树属

形态： 落叶乔木，高 10~20m。一回羽状复叶通常长 25~45cm，小叶 7~15 枚，对生，纸质或革质，狭椭圆形、菱状长圆形、长圆状披针形或卵状披针形，两侧不对称，全缘，叶背粉绿色或灰白色。总状花序顶生、直立，花序长 20~36cm；花萼阔钟状；花大，淡红色；蒴果木质，红褐色，椭圆球形或近球形。花期 4—5 月，果期 9—10 月。

习性： 喜温暖湿润气候。喜肥沃的黄红壤，不耐干燥瘠薄地，也不宜在排水不良的低洼地生长。生长快。生于海拔 500~1 500m 的阔叶林内。

应用： 为我国特有树种，国家一级保护植物。花大型，夏天满树粉红色花十分艳丽；秋后，累累红果衬托在金黄色的叶片间，耀眼夺目，可作为园林绿化树种。亦为优良的用材树种。

伯乐树树干

伯乐树果实

伯乐树种子（刘日林提供）

伯乐树花序

枫香树

学名： *Liquidambar formosana*

别名： 枫树

科属： 金缕梅科　枫香树属

形态： 落叶乔木，高达 30m，胸径可达 1m，树皮灰褐色，老时不规则深裂；小枝被柔毛。叶薄革质，阔卵形，掌状 3 裂，中央裂片较长，先端尾状渐尖；两侧裂片平展；基部心形；掌状脉 3~5 条；边缘有锯齿。雌雄同株。雄花序短穗状常多个排成总状，雌花序头状。头状果序圆球形，直径 3~4cm；蒴果木质，有宿存花柱及刺状萼齿。花期 4—5 月，果期 7—10 月。

习性： 喜光，幼树稍耐阴，喜温暖湿润气候及深厚湿润土壤，也能耐干旱瘠薄，但较不耐水湿。

应用： 树高干直，树冠宽阔，气势雄伟，深秋叶色红艳，是南方著名的秋色叶树种。可作风景林、园林庭荫树和行道绿化。果实入药，名"路路通"；树脂亦供药用。木材可制家具及贵重商品的装箱。

一诗一植物　一花一世界

山　行

〔唐〕杜牧

远上寒山石径斜，白云生处有人家。

停车坐爱枫林晚，霜叶红于二月花。

枫香树果枝

枫香树果枝

枫香树花序

村旁的枫香树

枫香树秋叶

细柄蕈树

学名： *Altingia gracilipes*

别名： 细柄阿丁枫

科属： 金缕梅科　蕈树属

形态： 常绿乔木，高 20m。叶革质，卵状披针形，长 4~7cm，宽 1.5~2.5cm，先端尾状渐尖，基部钝或窄圆形，全缘；上面深绿色有光泽。雄花头状花序圆球形，常多个排成圆锥花序，生枝顶叶腋内；雌花头状花序，生于当年枝的叶腋里，单独或数个排成总状式。头状果序倒圆锥形，有蒴果 5~6 个。花期 6—7 月，果期 7—10 月。

习性： 喜温暖气候。喜湿润、疏松、排水良好的微酸性土壤。稍耐阴，根系发达。

应用： 树干通直，冠大荫浓，是优良的园林绿化树种；树脂含有芳香性挥发油，可供药用及香料和定香之用。

细柄草树花序

细柄草树果实

杜 仲

学名： *Eucommia ulmoides*

科属： 杜仲科　杜仲属

形态： 落叶乔木，高达 20m，胸径约 50cm；树皮灰褐色，粗糙，内含橡胶，折断拉开有多数细丝；枝与叶折断亦有细胶丝相连。老枝有明显的皮孔。叶椭圆状卵形，薄革质，长 6~15cm，宽 3.5~6.5cm，基部圆形或阔楔形，先端渐尖；边缘有锯齿。花生于当年枝基部，雌雄异株，雄花簇生，雌花单生。翅果扁平，长椭圆形，先端 2 裂，周围具薄翅。早春开花，秋后果实成熟。

习性： 喜光，不耐荫蔽；深根性，对土壤的选择不严格，适应性较强，有较强抗寒力。

应用： 树皮药用，作为强壮剂及降血压，并能医腰膝痛、风湿及习惯性流产等；树皮分泌的硬橡胶供工业原料及绝缘材料；木材供建筑及制家具。

一诗一植物　一花一世界

古代用中药名写的"两地书"

妻子的信："槟榔一去，已过半夏，岂不当归耶？谁使君子，效寄生缠绕他枝，令故园芍药花无主矣！妾仲观天南星，下视忍冬藤，盼不见白芷书，茹不尽黄连苦，古诗云：豆蔻不用心头恨，丁香空结雨中愁。奈何！奈何！"

丈夫回信："红娘子一别，桂枝香已凋谢矣！几思菊花茂盛，欲归紫苑。奈常山路远，滑石难行，姑待苁蓉耳。卿勿使急性子，骂我曰苍耳子，明红花开时，吾与马勃、杜仲结伴还乡，至时金银相赠也。"

杜仲枝叶（叶正面）

杜仲果实

杜仲枝叶（叶背面）

叶片撕裂处相连的胶丝

杜仲树皮

二球悬铃木

学名： *Platanus acerifolia*

别名： 英国梧桐、悬铃木

科属： 悬铃木科　悬铃木属

形态： 落叶大乔木，高可达 35m，树皮光滑，大片块状脱落；嫩枝密生灰黄色茸毛。叶阔卵形，长 10~24cm，宽 12~25cm，基部截形或微心形，上部掌状 5~7 裂；裂片全缘或有 1~2 个粗大锯齿；掌状脉 3 条，常离基部数毫米，或为基出。花通常 4 数。果枝有头状果序 1~2 个，稀为 3 个，常下垂；头状果序直径约 2.5cm。花期 4 月。

习性： 阳性树，喜温暖气候，有一定的抗寒力。对土壤的适应能力极强；萌芽性强，很耐重剪；抗烟性强，为速生树种之一。

应用： 本种是三球悬铃木 *P. orientalis* 与一球悬铃木 *P. occidentalis* 的杂交种。常作行道树栽培。

二球悬铃木花序

二球悬铃木果实

二球悬铃木行道树

二球悬铃木行道树

石 楠

学名： *Photinia serratifolia*

别名： 将军梨、石楠柴

科属： 蔷薇科　石楠属

形态： 常绿灌木或小乔木，高 4~6（12）m。叶片革质，长椭圆形、长倒卵形或倒卵状椭圆形，长 9~22cm，宽 3~6.5cm，先端尾尖，基部圆形或宽楔形，上面光亮，边缘疏生具腺细锯齿，近基部全缘，幼苗或萌芽枝叶片边缘锯齿锐尖呈硬刺状。复伞房花序顶生；总花梗和花梗无毛，花密生，白色。果直径 5~6mm，红色。花期 4—5 月，果期 10 月。

习性： 喜光，稍耐阴；喜温暖，尚耐寒；喜排水良好的肥沃壤土，生长较慢。

应用： 树冠圆形，叶丛浓密，嫩叶红色，花白果红，鲜艳著目，是常见的栽培树种；木材坚密，可制车轮及器具柄；叶和根供药用；可作枇杷的砧木。

一诗一植物　一花一世界

早 蝉
〔唐〕白居易

六月初七日，江头蝉始鸣。石楠深叶里，薄暮两三声。
一催衰鬓色，再动故园情。西风殊未起，秋思先秋生。
忆昔在东掖，宫槐花下听。今朝无限思，云树绕涪城。

石楠花序

石楠果实

枇 杷

学名： *Eriobotrya japonica*

科属： 蔷薇科　枇杷属

形态： 常绿小乔木，高可达 10m ；小枝粗壮，密生锈色或灰棕色绒毛。叶片革质，披针形、倒披针形、倒卵形或椭圆状矩圆形，长 12~30cm，宽 3~9cm，先端急尖或渐尖，基部楔形或渐狭成叶柄，上部边缘有疏锯齿，基部全缘，上面光亮，多皱；叶柄短或几无柄。圆锥花序顶生，花白色；果球形或长圆形，直径 2~5cm，黄色。花期 10—12 月，果期第二年 5—6 月。

习性： 喜光，稍耐阴，喜温暖气候及肥沃湿润而排水良好的土壤，不耐寒。

应用： 美丽观赏树木和果树。果味甘酸，供生食、蜜饯和酿酒用；叶晒干去毛，可供药用，有化痰止咳、和胃降气之效。木材红棕色，可作木梳、手杖、农具柄等用。

一诗一植物　一花一世界

初夏游张园
〔宋〕戴复古

乳鸭池塘水浅深，熟梅天气半晴阴。
东园载酒西园醉，摘尽枇杷一树金。

枇杷花序

枇杷果枝

枇杷果实

木 瓜

学名： *Chaenomeles sinensis*

别名： 榠楂、木李、光皮木瓜

科属： 蔷薇科　木瓜属

形态： 落叶灌木或小乔木，高达 5~10m，树皮成片状脱落；小枝无刺，紫褐色。叶片椭圆卵形或椭圆长圆形，稀倒卵形，长 5~8cm，宽 3.5~5.5cm，先端急尖，基部宽楔形或圆形，边缘有刺芒状尖锐锯齿，齿尖有腺；叶柄有腺齿。花单生于叶腋，淡粉红色；果实长椭圆形，长 10~15cm，暗黄色，木质，果皮干燥后光滑不皱缩。花期 4 月，果期 9—10 月。

习性： 喜光，喜温暖，但有一定的耐寒性；要求土壤排水良好，不耐盐碱和低湿地。

应用： 习见栽培供观赏。果实味涩，水煮或浸渍糖液中供食用，也可药用。木材坚硬可作床柱用。

一诗一植物　一花一世界

木瓜赞

〔明〕区大相

垂垂木瓜，诗人所咏。酸本我心，香亦吾性。
人之好我，或忘其病。无劳琼报，忝此嘉命。

木瓜树干

公园里的木瓜（高亚红提供）

木瓜花枝

木瓜果枝

沙 梨

学名： *Pyrus pyrifolia*

科属： 蔷薇科 梨属

形态： 落叶乔木，高达7~15m。叶片卵状椭圆形或卵形，长7~12cm，宽4~6.5cm，先端长尖，基部圆形或近心形，边缘有刺芒锯齿。伞形总状花序具花6~9朵，花梗长3.5~5cm，花直径2.5~3.5cm，花瓣白色，先端啮齿状，花药紫色，花柱5枚，稀4枚。果实近球形，直径3~5cm，浅褐色，有浅色斑点，先端微向下陷，萼片脱落。花期4月，果期8月。

习性： 喜温暖多雨气候，耐寒力较差。适宜生长在温暖而多雨的地区，海拔100~1 400m。我国长江流域和珠江流域各地栽培的梨品种，多属于本种。我国南北各地均有栽培。

应用： 果实除供鲜食外，并有消暑、健胃、收敛、止咳等功效。

一诗一植物 一花一世界

梨

〔宋〕苏轼

霜降红梨熟，柔柯已不胜。

未尝蠲夏渴，长见助春冰。

沙梨花

沙梨果

沙梨果

开花时的沙梨树

人工选育的沙梨树

桃

学名： *Amygdalus persica*

科属： 蔷薇科　桃属

形态： 落叶小乔木，高3~8m；树皮暗红褐色，老时粗糙呈鳞片状。叶片长圆披针形、倒卵状披针形，长7~15cm，宽2~3.5cm，先端渐尖，叶边有锯齿；叶柄顶端常有1至数枚腺体。花单生，先叶开放，直径2.5~3.5cm，花梗极短，粉红色，罕为白色，花药绯红色；果实形状和大小多变，常在向阳面具红晕，果梗短而深入果洼。花期3—4月，果期6—9月。

习性： 喜光，耐旱，喜肥沃而排水良好土壤，不耐水湿。喜夏季高温，有一定的耐寒力。原产我国，广泛栽培。

应用： 桃花浪漫芳菲，妩媚可爱，观赏性强；果实供鲜食或制罐头、果酱、果脯；桃仁、枝、叶、根亦可药用；木材坚实致密，可作工艺用材。

一诗一植物　一花一世界

大林寺桃花

〔唐〕白居易

人间四月芳菲尽，山寺桃花始盛开。

长恨春归无觅处，不知转入此中来。

桃花

桃树结果状

桃树果实

桃林

李

学名： *Prunus salicina*

别名： 嘉庆子、嘉应子

科属： 蔷薇科　李属

形态： 落叶乔木，高 9~12m；树皮灰褐色，起伏不平。叶片长圆倒卵形、倒披针形，长 6~8（~12）cm，宽 3~5cm，先端渐尖、急尖或短尾尖，基部楔形，边缘有圆钝重锯齿，常混有单锯齿。花通常 3 朵并生；花梗 1~2cm，无毛；花瓣白色；核果黄色或红色，直径 3.5~5cm，梗洼陷入，顶端微尖，外被蜡粉。花期 4 月，果期 7—8 月。

习性： 喜光，也能耐半阴。耐寒，喜肥沃湿润之黏质壤土，在酸性土、钙质土中均能生长。

应用： 果供鲜食，制李脯、李干、罐头和酿酒；根皮、叶和果仁均可药用；木材可作家具等用材；是优良的蜜源植物。李花色白而丰盛繁茂，观赏效果极佳。

一诗一植物　一花一世界

养种园

〔宋〕曾极

百花堂里赏芳菲，江左霸臣泪溅衣。

肠断上林桃李树，春风一半未全归。

开花期的李园

李花

李果

梅

学名： *Armeniaca mume*

别名： 乌梅

科属： 蔷薇科　杏属

形态： 落叶小乔木，高 4~10m；树皮浅灰色或带绿色，平滑；小枝绿色。叶片卵形或椭圆形，长 4~8cm，宽 2.5~5cm，先端尾尖，基部宽楔形至圆形，叶边常具细锐锯齿。花先叶开放，直径 2~2.5cm，香味浓；花梗短，长 1~3mm；花白色至粉红色；果实近球形，味酸；核椭圆形，表面具蜂窝状孔穴。花期冬春季，果期 5—6 月。

习性： 喜阳光，性喜温暖而略潮湿的气候，有一定耐寒力。对土壤要求不严格。最怕积水，又忌在风口处栽植。

应用： 为中国传统的果树和名花，已有 3 000 多年栽培历史。可栽为盆花，制作梅桩。鲜花可提取香精，花、叶、根和种仁入药。果实可食、盐渍或干制，或熏制成乌梅入药。

一诗一植物　一花一世界

梅　花

〔宋〕梅尧臣

似畏群芳妒，先春发故林。曾无莺蝶恋，空被雪霜侵。

不道东风远，应悲上苑深。南枝已零落，羌笛寄余音。

村旁的老梅树

梅花

梅枝叶

梅花

红梅

梅果（张敏提供）

公园盛开的红梅

樱 桃

学名： *Cerasus pseudocerasus*

别名： 莺桃

科属： 蔷薇科　樱属

形态： 落叶小乔木，高可达8m，树皮灰白色。小枝灰褐色，嫩枝绿色。叶片卵形或长圆状卵形，长5~12cm，宽3~5cm，先端渐尖或尾状渐尖，基部圆形，边缘有尖锐重锯齿，齿端有小腺体。花序伞房状或近伞形，有花3~6朵，先叶开放；花梗长0.8~1.9cm，被疏柔毛；花瓣白色或粉红，先端凹陷或2裂；核果近球形，红色，直径0.9~1.3cm。花期3—4月，果期5—6月。

习性： 喜日照充足、温暖而略湿润及肥沃而排水良好的沙壤土，有一定的耐寒与耐旱力。生长迅速。

应用： 在我国久经栽培，品种颇多，供食用，也可酿樱桃酒。枝、叶、根、花也可供药用。

一诗一植物　一花一世界

樱桃花下

〔唐〕李商隐

流莺舞蝶两相欺，不取花芳正结时。

他日未开今日谢，嘉辰长短是参差。

樱桃花

樱桃果实

樱桃果实（王爱华提供）

合 欢

学名： *Albizia julibrissin*

别名： 绒花树、马缨花、夜合花

科属： 豆科　合欢属

形态： 落叶乔木，高可达 16m，树冠开展；小枝有棱角。二回羽状复叶，羽片 4~12 对，栽培的有时达 20 对；小叶 10~30 对，线形至长圆形，长 6~12mm，宽 1~4mm，向上偏斜，先端有小尖头，有缘毛。头状花序于枝顶排成圆锥花序，花粉红色；荚果带状，长 9~15cm。花期 6—7 月；果期 8—10 月。

习性： 极喜光，耐寒性略差。不择土壤，适应性广，但不耐水涝，常为荒山荒坡先锋树种，分布较广。

应用： 合欢开花如绒簇，十分可爱，常植为城市行道树、观赏树。心材黄灰褐色，边材黄白色，耐久，多用于制家具；树皮及花入药，用于治疗心神不安、忧郁失眠等症。

一诗一植物　一花一世界

夜合欢

〔清〕乔茂才

朝看无情暮有情，送行不合合留行。

长亭诗句河桥酒，一树红绒落马缨。

合欢羽叶

合欢果枝

成熟的合欢果实

合欢果实

合欢花枝

皂 荚

学名： *Gleditsia sinensis*

别名： 皂角、皂荚树

科属： 豆科　皂荚属

形态： 落叶乔木，高达 30m；枝刺粗壮，圆柱形，有分枝。一回羽状复叶，长10~18cm；小叶 6~14 枚，纸质，卵形至卵状椭圆形，长 2~8cm，宽1~4cm，顶端圆钝，具小尖头，基部圆形或楔形，有时稍歪斜，边缘有锯齿。总状花序细长，腋生或顶生；花瓣 4 枚，黄白色。荚果带状，木质，劲直或略扭曲，经冬不落，有种子多颗。花期 3—5 月；果期 5—12 月。

习性： 性喜光而稍耐阴，喜温暖湿润气候及深厚肥沃适当湿润土壤，但对土壤要求不严。生长速度较慢但寿命较长，可达六七百年。

应用： 木材坚硬，为车辆、家具用材；果富含皂素，可作肥皂；种子可榨油；刺入药，为中药"皂角刺"，有消肿排脓之效。

一诗一植物　一花一世界

东斋杂咏·皂荚

〔宋〕张耒

畿县尘埃不可论，故山乔木尚能存。

不缘去垢须青荚，自爱苍鳞百岁根。

皂荚树干

皂荚花序

皂荚果实

红豆树

学名： *Ormosia hosiei*

别名： 何氏红豆、鄂西红豆

科属： 豆科　红豆属

形态： 常绿或落叶乔木，高达 20~30m，胸径可达 1m；树皮灰绿色，平滑。小枝绿色。奇数羽状复叶，长 12.5~23cm；小叶 5~9 枚，薄革质，长卵形至长椭圆状卵形，先端急尖或渐尖，基部圆形或阔楔形；叶轴、叶片几无毛。圆锥花序顶生或腋生，下垂；花白色或淡红色，有香气；荚果扁平，含种子 1~2 粒。花期 4—5 月，果期 10—11 月。

习性： 喜光，但幼树耐阴，喜肥沃适湿土壤。较为耐寒。生长速度中等，寿命长。

应用： 木材坚硬细致，纹理美丽，为优良的木雕工艺及高级家具等用材；树姿优雅，是良好的庭园观赏树种；根与种子入药；种子色鲜红，可作装饰品。

一诗一植物　一花一世界

相　思

〔唐〕王维

红豆生南国，春来发几枝。

愿君多采撷，此物最相思。

红豆树花枝

红豆树果实

红豆树种子

开花中的红豆树

槐 树

学名： *Styphnolobium japonium*

别名： 槐、槐花木、槐花树

科属： 豆科　槐属

形态： 落叶乔木，高达 25m；树皮灰褐色，具纵裂纹。羽状复叶长达 25cm，有小叶 4~7 对；小叶卵形至卵状披针形，长 2.5~6cm，宽 1.5~3cm，先端渐尖，具小尖头，基部宽楔形或近圆形，稍偏斜，叶背有白粉。圆锥花序顶生，常呈金字塔形，长达 30cm，花浅黄绿色。荚果串珠状，具种子 1~6 粒。花期 7—8 月，果期 8—10 月。

习性： 喜光，略耐阴，喜干冷气候，但高温多湿的华南也能生长。生长速度中等，寿命长。原产中国。

应用： 树冠优美，为良好的行道树和庭荫树；花和荚果入药；木材供建筑用。本种由于生境或人工选育结果，形态多变，产生许多变种和变型。

一诗一植物　一花一世界

述 怀

〔唐〕李频

望月疑无得桂缘，春天又待到秋天。

杏花开与槐花落，愁去愁来过几年。

槐树花序

槐树果实

刺　槐

学名： *Robinia pseudoacacia*

别名： 洋槐

科属： 豆科　刺槐属

形态： 落叶乔木，高 10~25m；树皮灰褐色至黑褐色，浅裂至深纵裂。小枝灰褐色，具托叶刺，长达 2cm。羽状复叶，小叶 2~12 对，椭圆形至卵状长圆形，长 2~5.5cm，宽 1~2cm，先端圆，微凹，具小尖头，全缘。总状花序腋生，长 10~20cm，下垂；花多数，白色，芳香。荚果线状长圆形，扁平，有种子 2~15 粒。花期 4—6 月，果期 8—9 月。

习性： 强阳性，不耐荫蔽。较喜欢干燥而凉爽气候，在空气湿度较大的沿海地区生长更佳。原产美国东部，我国各地广泛栽植。

应用： 优良的行道树种、庭院观赏和重要的速生用材树种；材质硬重，抗腐耐磨，宜作枕木、车辆、建筑等多种用材；为优良的蜜源植物。

一诗一植物　一花一世界

暮　立

〔唐〕白居易

黄昏独立佛堂前，满地槐花满树蝉。

大抵四时心总苦，就中肠断是秋天。

刺槐枝刺

刺槐花枝

刺槐花序

刺槐果实

黄 檀

学名： *Dalbergia hupeana*

别名： 檀木、檀树、不知春

科属： 豆科　黄檀属

形态： 落叶乔木，高 10~20m；树皮暗灰色，呈窄条状剥落。幼枝皮孔明显。奇数羽状复叶长 15~25cm；小叶 3~5 对，近革质，卵状长椭圆形至长圆形，长 3.5~6cm，宽 2.5~4cm，先端圆钝，微凹，叶基圆形。圆锥花序顶生或生于小枝上部叶腋，花密集，花冠白色或淡紫色。荚果扁平，长圆形，有 1~3 粒种子。花期 5—6 月，果期 8—9 月。

习性： 喜光，耐干旱、瘠薄，在酸性、中性及石灰质土上均能生长。生长较慢。

应用： 木材黄色或白色，材质坚密，能耐强力冲撞，常用作车轴、榨油机轴心、枪托、各种工具柄等；根及叶入药，有清热解毒、止血消肿之功效。

一诗一植物　一花一世界

用韵答王安陆太守二首·其二
〔明〕苏葵

静爇黄檀更水沉，亦谈千古亦谈今。耽诗不遣能成癖，爱酒争教也醉心。
此日孤怀东观杳，几时归计北山深。红渠翠竹新知少，或者江崖许盍簪。

黄檀古树

黄檀树干

黄檀果实

黄檀花

臭 椿

学名： *Ailanthus altissima*

别名： 樗

科属： 苦木科 臭椿属

形态： 落叶乔木，高可达 20 m，树皮平滑而有直纹。奇数羽状复叶互生，长 40~60cm，叶柄长 7~13cm，有小叶 13~27 枚；小叶对生，纸质，卵状披针形，揉搓后有臭味，基部偏斜，两侧各具 1~2 个粗锯齿，齿背有腺体 1 个。大形圆锥花序顶生，雄花开放时有臭味。翅果长椭圆形。花期 4—5 月，果期 8—10 月。

习性： 喜光，适应性强。很耐干旱、瘠薄，能耐中度盐碱土，喜排水良好的沙壤土。有一定的耐寒力。对烟尘和二氧化硫抗性较强。

应用： 可作园林风景树和行道树，世界各地广为栽培。木材黄白色，可制作农具车辆等；树皮、根皮、果实均可入药；木纤维可作上等纸浆。

一诗一植物　一花一世界

林下樗

〔唐〕白居易

香檀文桂苦雕锼，生理何曾得自全。

知我无材老樗否，一枝不损尽天年。

注：樗（chū）树，即臭椿。

臭椿树冠

臭椿花序

臭椿果实

柚

学名： *Citrus grandis*

别名： 抛、文旦

科属： 芸香科　柑橘属

形态： 常绿小乔木，高 5~10m；小枝有毛，刺较大。叶卵状椭圆形，长 6~17cm，叶缘有钝齿；叶柄有宽大倒心形翼翅。花两性，白色，单生或簇生于叶腋或小枝顶端。果实特大，成熟时淡黄色，球形、扁球形或梨形，直径 12~30cm，果皮厚难剥离，表面平滑，香味极浓。花期 4—5 月，果期 9—10 月。

习性： 喜暖热湿润气候，及深厚肥沃而排水良好的中性或微酸性土壤。我国南部地区广泛栽培。

应用： 果含丰富的维生素 C，营养价值高，是亚热带重要果树之一；果实供鲜食或制果汁，果皮可做蜜饯；入药用于理气化痰、消食宽中。果大、花香，是优良的观赏绿化树种。木材坚实致密，为优良的家具用材。

一诗一植物　一花一世界

留山间种艺十绝·其七　柚
〔宋〕刘克庄

两树亭亭薜砌傍，未论包贡奉君王。

世无班马堪薰炙，且嗅幽花亦自香。

柚枝叶

柚果实

柚行道树

柚花

楝 树

学名： *Melia azedarach*

别名： 苦楝、楝

科属： 楝科　楝属

形态： 落叶乔木，高达 15~20m；树皮灰褐色，纵裂。分枝广展。叶为 2~3 回奇数羽状复叶，长 20~40cm；小叶对生，卵形、椭圆形至披针形，边缘有钝锯齿。腋生圆锥花序约与叶等长，花淡紫色，芳香。果球形至椭圆形，长 1~2cm，宽 0.8~1.5cm，熟时黄色，宿存树枝，至第二年春季逐渐脱落。花期 4—5 月，果期 10—12 月。

习性： 喜光，不耐荫蔽；喜温暖湿润气候，耐寒力不强；对土壤要求不严。生长快，寿命短，30~40 年即衰老。

应用： 木材轻软，纹理直，是制作家具、建筑、农具、舟车、乐器等的良好用材。树皮、叶和果实均可入药。对二氧化硫的抗性较强，适于在二氧化硫大气污染较严重的地区栽培。

一诗一植物　一花一世界

钟山晚步

〔宋〕王安石

小雨轻风落楝花，细红如雪点平沙。
槿篱竹屋江村路，时见宜城卖酒家。

楝树花序

楝树果实

香　椿

学名： *Toona sinensis*

别名： 椿

科属： 楝科　香椿属

形态： 落叶乔木，高达 25m；树干挺直，树皮深褐色，片状脱落。偶数羽状复叶，长 30~50cm，叶柄红色，基部肥大；小叶 16~20 枚，卵状披针形或卵状长椭圆形，先端尾尖，基部不对称，背面常呈粉绿色，侧脉平展，与中脉几成直角。叶揉碎有香气。圆锥花序与叶等长或更长，花白色，有香气。蒴果狭椭圆形。花期 6—8 月，果期 10—12 月。

习性： 喜光，不耐荫蔽；适生于深厚、肥沃、湿润之沙质土壤，在中性、酸性及钙质土上均能生长良好。生长速度中等偏快。

应用： 幼芽嫩叶芳香可口，供蔬食；木材纹理美丽，质坚硬，有光泽，为家具、室内装饰品及造船的优良木材；根皮及果入药。

一诗一植物　一花一世界

椿

〔宋〕晏殊

峨峨楚南树，杳杳含风韵。

何用八千秋，腾凌诧朝菌。

香椿树干

香椿嫩芽

香椿果实

香椿羽叶

香椿花序

重阳木

学名： *Bischofia polycarpa*

别名： 乌杨、红桐

科属： 大戟科　秋枫属

形态： 落叶乔木，高达 15m，胸径可达 1m；树皮褐色，纵裂。羽状三出复叶；叶柄长 9~13.5cm；小叶片纸质，卵形或椭圆状卵形，长 5~11cm，宽 2~9cm，先端短尾尖，基部圆或浅心形，边缘有钝细锯齿。花雌雄异株，春季与叶同时开放，组成总状花序；花序轴下垂。果实浆果状，圆球形，成熟时褐红色。花期 4—5 月，果期 10—11 月。

习性： 喜光，稍耐阴；喜温暖气候，耐寒力弱；对土壤要求不严，在湿润肥沃土壤中生长最好，能耐水湿。生长较快。

应用： 木材适于建筑、造船、车辆、家具等用材。果肉可酿酒。种子可榨油，供工业用。树皮可药用。

一诗一植物　一花一世界

兰芝曲
〔清〕王采薇

啼鬟垂云粉黄落，夜半严妆起幽阁。已分单栖似伯劳，剧怜薄命逢姑恶。
红桐掩坟秋骨灰，阿母泪落心当回。莫随怨魄填波去，合化幽魂促织来。

注：重阳木，别名红桐。

重阳木树叶

重阳木花枝

重阳木花序

重阳木果实

木油桐

学名： *Vernicia montana*

别名： 千年桐、皱果桐

科属： 大戟科　油桐属

形态： 落叶乔木，高达 20m。树皮褐色，大枝近轮生。叶阔卵形，长 8~20cm，宽 6~18cm，顶端短尖至渐尖，基部心形至截平，全缘或 2~5 裂。叶柄顶端有 2 枚具柄的杯状腺体。花序生于当年生已发叶的枝条上，多为雌雄异株；花瓣白色或基部紫红色且有紫红色脉纹。核果卵圆形，有 3 条纵棱及网状皱纹，有种子 3 颗。花期 4—5 月，果期 8—10 月。

习性： 喜光，不耐荫蔽；喜暖热多雨气候，抗病性强，生长快。生于海拔 1 300m 以下的疏林中。

应用： 种子含油约 35%，供制皂及油漆用，是我国重要的工业油料植物及外贸商品；果皮可制活性炭或提取碳酸钾。

一诗一植物　一花一世界

归入古田界作

〔宋〕陈藻

步步溪山胜，桥亭建剑风。土宜辞荔子，村坞尽油桐。
南店炊初滑，西舟石渐穷。岂知旬日外，便访去时踪。

木油桐嫩叶

木油桐花序

木油桐果实

野生开花中的木油桐

乌　桕

学名： *Sapium sebiferum*

别名： 腊子树、桕子树

科属： 大戟科　乌桕属

形态： 落叶乔木，高可达 15m，各部具乳汁；树皮暗灰色，有深纵裂纹。叶互生，纸质，叶片菱形、菱状卵形，长 3~8cm，宽 3~9cm，顶端骤然紧缩，具尖头，全缘；叶柄纤细，长 2.5~6cm，顶端有 2 枚腺体。总状花序顶生，雌雄同株，雌花通常生于花序轴最下部。果成熟时黑色。种子黑色，外被白色、蜡质的假种皮。花期 4—8 月，果期 8—10 月。

习性： 喜光，喜温暖气候，对土壤适应范围较广。

应用： 木材白色，坚硬，纹理细致，可作家具和雕刻等用材；叶可为黑色染料；根皮和叶入药；假种皮可制肥皂、蜡烛。秋叶红艳，冬日白色乌桕子挂满枝头亦颇美观，为优良观赏树种。

一诗一植物　一花一世界

远别曲

〔明〕谢榛

阿郎几载客三秦，好忆侬家汉水滨。

门外两株乌桕树，叮咛说向寄书人。

乌桕花序

乌桕叶

乌桕秋叶

公园一角的乌桕树

乌桕果实

南酸枣

学名： *Choerospondias axillaris*

别名： 山枣、酸枣、五眼果

科属： 漆树科　南酸枣属

形态： 落叶乔木，高 8~20m；树皮灰褐色，老时条片状剥落。奇数羽状复叶常集生枝顶；小叶 7~15 枚，卵状披针形，先端长尖，基部稍歪斜，全缘，萌芽枝上叶可有锯齿。雄花腋生或近顶生，聚伞圆锥花序，长 4~10cm，花瓣淡紫色，开花时反卷；雌花通常单生于上部叶腋。果成熟时黄色；果核长 2~2.5cm，顶端具 5 个小孔。花期 4—5 月，果期 10 月。

习性： 喜光，稍耐阴；喜温暖湿润气候；喜土层深厚、排水良好的酸性及中性土壤。

应用： 生长快、适应性强，为较好的速生造林树种。果可生食、制作酸枣糕或酿酒。果核可制成佛珠或手串。树皮和果药用。

一诗一植物　一花一世界

送酸枣邓主簿

〔宋〕李觏

畿县官虽小，京华日可亲。文章成薄俗，交结最难人。

典学应无废，存诚况已纯。邦工寻尺用，札梓讵沉沦。

南酸枣花序

南酸枣果实

南酸枣种子

黄连木

学名： *Pistacia chinensis*

别名： 楷树、楷木

科属： 漆树科　黄连木属

形态： 落叶乔木，高达 20m；树皮鳞片状剥落。奇数羽状复叶互生，有小叶 5~6 对，小叶披针形或卵状披针形，长 5~10cm，宽 1.5~2.5cm，先端渐尖，基部偏斜，全缘。枝叶揉碎有特殊气味。圆锥花序腋生，先叶开放；雌雄异株，雄花序淡绿色，雌花序紫红色。核果扁球形，径约 5mm，熟时紫红色。花期 4 月，果期 6—10 月。

习性： 喜光，喜温暖；耐干旱瘠薄，生长较慢。

应用： 枝叶繁茂秀丽，早春嫩叶及秋叶色美，为优良观赏树种。木材可供家具和细工用材。种子可榨润滑油或制皂。幼叶可充蔬菜，并可代茶。

一诗一植物　一花一世界

子贡庐墓处

〔清〕弘历

性天不可得闻闻，庐墓心丧六载勤。

楷树至今枯不朽，应同植者意坚云。

注：黄连木，别名楷木、楷树。

黄连木树干

黄连木果枝

黄连木花序

冬季落叶后的黄连木

黄连木果枝

野　漆

学名： *Toxicodendron succedaneum*

别名： 野漆树、山漆树、漆木

科属： 漆树科　漆树属

形态： 落叶乔木或小乔木，高达 10m。植物体各部均无毛。奇数羽状复叶互生，常集生小枝顶端，长 25~35cm，有小叶 4~7 对；小叶片长椭圆形至卵状披针形，长 5~16cm，宽 2~5.5cm，先端渐尖或长渐尖，基部多少偏斜，圆形或阔楔形，叶背常具白粉。圆锥花序为叶长之半；花黄绿色；核果扁球形，偏斜。花期 5—6 月，果期 8—10 月。

习性： 性喜光，喜温暖，不耐寒；耐干旱、瘠薄的砾质土，忌水湿，萌蘖性强。

应用： 秋色叶深红可爱，可在园林及风景区种植。根、叶及果入药。种子油可制皂或掺和干性油作油漆。树干乳液可代生漆用。对部分人群易引起皮肤过敏。

一诗一植物　一花一世界

验　漆
〔宋〕赵蕃

好漆清如镜，悬丝似钓钩。

撼动虎斑色，打著有浮沤。

野漆红叶

野漆花序

野漆果序

大叶冬青

学名： *Ilex latifolia*

别名： 苦丁茶

科属： 冬青科　冬青属

形态： 常绿乔木。树皮灰色，不裂。小枝粗壮，具纵棱及槽。叶片厚革质，长圆形至卵状长圆形，长 8~28cm，宽 4.5~9cm，先端钝或短渐尖，基部圆形或阔楔形，边缘具疏锯齿，上面深绿有光泽，背面淡绿色，中脉在叶面凹陷。花序簇生叶腋，圆锥状；花淡黄绿色，4 基数。果球形，熟时红色。花期 4 月，果期 9—10 月。

习性： 喜光，稍耐阴；喜温暖湿润气候及肥沃的微酸性土壤。

应用： 本种的木材可作细木原料、树皮可提栲胶，叶和果可入药；叶可制作苦丁茶；植株优美，可作庭园绿化树种。

一诗一植物　　一花一世界

访隐者不遇成二绝·其一

〔唐〕李商隐

秋水悠悠浸墅扉，梦中来数觉来稀。

玄蝉去尽叶黄落，一树冬青人未归。

大叶冬青枝、叶、花蕾

大叶冬青花

大叶冬青果枝

白　杜

学名： *Euonymus maackii*

别名： 丝棉木

科属： 卫矛科　卫矛属

形态： 落叶小乔木，高达 6~8m。全体无毛。树皮细纵裂；小枝近圆柱形，绿色；叶卵状椭圆形至长椭圆形，长 4~8cm，宽 2~5cm，先端长渐尖，基部阔楔形或近圆形，边缘具细锯齿；叶柄较细长。聚伞花序侧生于新枝上；花 4 数，淡白绿色或黄绿色。蒴果倒圆心状，4 浅裂，成熟后果皮粉红色。花期 5—6 月，果期 9 月。

习性： 喜光，稍耐阴；耐寒，对土壤要求不严，耐干旱，也耐水湿，以肥沃而排水良好土壤生长最好。生长速度中等偏慢。

应用： 木材用于雕刻；树皮和根入药，也可提硬橡胶；种子可榨油。

白杜花序

白杜果实

瘿椒树

学名： *Tapiscia sinensis*

别名： 银雀树、银鹊树

科属： 省沽油科　瘿椒树属

形态： 落叶乔木，高 8~15m，树皮刮破有类似伤湿膏气味。奇数羽状复叶，长达 30cm；小叶 5~9 枚，卵形至长圆状卵形，先端急尖或渐尖，基部圆形或近心形，边缘具粗锯齿，上面绿色，背面灰白色，密被近乳头状白粉点。圆锥花序腋生，花黄色，有香气；果序长达 10cm，核果近球形，常被虫瘿侵袭。花期 6—7 月，果期第二年 9—10 月。

习性： 喜温凉湿润的环境，土壤为山地黄壤或黄棕壤。怕旱不耐涝，耐寒。

应用： 木材纹理直，花纹美丽，可作家具、板料、图板、胶合板用材。叶秋季变黄。可作园林绿化和造林树种。

瘿椒树花序枝

瘿椒树果与花序同存

三角槭

学名： *Acer buergerianum*

别名： 三角枫

科属： 槭树科　槭树属

形态： 落叶乔木，高达 15m。树皮褐色或深褐色，粗糙，片状脱落。叶纸质，椭圆形或倒卵形，长 6~10cm，通常浅 3 裂，稀不裂，裂片三角形至三角状卵形，先端尖至短渐尖，上部具锯齿或全缘，中裂片较侧裂片大；裂片间的凹缺钝尖；叶背被白粉。伞房花序顶生。翅果黄褐色，张开成锐角或平行。花期 4 月，果期 8—10 月。

习性： 弱阳性，稍耐阴；喜温暖湿润气候及酸性、中性土壤，较耐水湿；有一定耐寒能力。

应用： 木材性状优良，可代车轮、细工或作家具等用，也可作造纸原料；适应性强，适于作庭园树、行道树、护堤树、绿篱及盆景之用。

一诗一植物　一花一世界

枫桥夜泊
〔唐〕张继

月落乌啼霜满天，江枫渔火对愁眠。

姑苏城外寒山寺，夜半钟声到客船。

三角槭树干

三角槭枝叶

三角槭秋色

三角槭花序

三角槭果实

七叶树

学名： *Aesculus chinensis*

别名： 梭椤树

科属： 七叶树科　七叶树属

形态： 落叶乔木，高达 25m。树皮灰褐色，小枝圆柱形，具皮孔。掌状复叶由 5~7 枚小叶组成，小叶片纸质，边缘有钝尖的细锯齿。花序圆筒形，长 21~25cm，小花序常由 5~10 朵花组成。花杂性，雄花与两性花同株；花白色，下部黄色或橘红色。果实球形，黄褐色，密生斑点；种子栗褐色，种脐约占种子表面 1/2。花期 4—5 月，果期 10 月。

习性： 喜光、喜温暖气候，适生于深厚、湿润、疏松土壤。

应用： 树干耸直，冠大荫浓，初夏繁花满树，蔚然可观，宜作街道树和庭院树。木材细密可制各种器具；种子可作药用，榨油可制肥皂。

一诗一植物　一花一世界

送韩文饶赞善宰河南
〔宋〕梅尧臣

退之曾作河南宰，韩氏于今又见君。
县政从来人有望，家声不坠世多文。
后池分洛贮蓝水，高槛看嵩迷岭云。
主簿堂前七叶树，手栽应莫已刜焚。

七叶树花序

七叶树果实

无患子

学名： *Sapindus saponaria*

别名： 肥皂果、假龙眼

科属： 无患子科　无患子属

形态： 落叶乔木，高达 20m，树皮灰褐色。一回羽状复叶长 20~45cm，小叶 5~8
对，互生或近对生，小叶片纸质，长卵形，先端尖，基部楔形，略偏斜，上
面深绿色，下面绿色。圆锥花序顶生，花小，绿白色或黄白色。果近球形，
直径 2cm 左右，黄色，干时变黑；种子球形，黑色，光滑。花期 5—6 月，
果期 7—8 月。

习性： 喜光，耐寒，对土壤要求不严，深根性，抗风力强。

应用： 树干通直，枝叶广展，绿荫稠密。进入秋冬，满树叶色金黄，是优良彩叶树
种，宜作行道树。根和果入药，能清热解毒、化痰止咳；果皮含有皂素，可
代肥皂。

无患子秋叶金黄

无患子花序

无患子果实

复羽叶栾树

学名： *Koelreuteria bipinnata*

别名： 灯笼树、国庆花

科属： 无患子科　栾树属

形态： 落叶乔木，高逾 20m。叶平展，二回羽状复叶，长 45~70cm；小叶 9~17 枚，互生，纸质或革质，斜卵形，长 3.5~7cm，宽 2~3.5cm，基部略偏斜。圆锥花序大型，长 35~70cm，分枝广展，花黄色。蒴果椭圆形，具 3 棱，淡紫红色，老熟时褐色；果瓣椭圆形，有小凸尖，外面具网状脉纹，内面有光泽；种子近球形。花期 7—9 月，果期 8—10 月。

习性： 喜光，耐寒，耐干旱、瘠薄，适生深厚、肥沃、湿润的石灰质土壤。

应用： 速生树种，花、果皆美，优良的园林绿化树种和观赏树种，宜作庭荫树、行道树及风景林。木材可制家具，种子油工业用；根可入药，花能清肝明目，清热止咳，又为黄色染料。

复羽叶栾树花序

复羽叶栾树果实

街道上的复羽叶栾树

枳椇

学名： *Hovenia acerba*

别名： 拐枣、鸡爪梨、金钩

科属： 鼠李科　枳椇属

形态： 落叶乔木，高 10~25m，小枝无毛，褐色或黑紫色。叶互生，宽卵形或椭圆状卵形，长 8~17cm，宽 6~12cm，顶端渐尖，边缘常具整齐浅而钝的细锯齿。二歧式聚伞圆锥花序，顶生和腋生；花两性，黄绿色，花瓣椭圆状匙形，雄蕊为花瓣抱持。浆果状核果近球形，熟时黑色；果序轴明显膨大。花期 5—7 月，果期 8—10 月。

习性： 喜光，耐寒，适生于肥沃、排水良好的土壤。

应用： 木材细致坚硬，用于建筑和制细木工具。果序轴含糖丰富，可生食、酿酒、熬糖，民间常用以浸制"拐枣酒"，能治风湿。种子为清凉利尿药，能解酒毒，适用于热病消渴、酒醉、烦渴等症。

一诗一植物　一花一世界

沂州出山
〔清〕查慎行

沙浅沙深突复坳，一行疏树带烟郊。山经齐鲁青才了，马渡洮沂碧未胶。小圃重樊因枳椇，浮桥粗就赖芦茭。经旬尚滞黄河北，渐喜鱼羹入客庖。

枳椇花序

枳椇果枝

枳椇果实

枣

学名： *Ziziphus jujuba*

别名： 枣树、红枣树

科属： 鼠李科　枣属

形态： 落叶小乔木，高达 10 余米；具长、短枝，长枝呈"之"字形曲折，具托叶刺；短枝粗短，矩状，自老枝发出。叶片卵形，长 3~7cm，宽 1.5~4cm，基生三出脉，二列状排列。花黄色，两性，单生或 2~8 个密集成腋生聚伞花序。核果矩圆形，成熟时红色，中果皮厚肉质，核顶端锐尖。花期 5—7 月，果期 8—9 月。

习性： 喜光、喜温，耐旱、耐涝性较强，适生疏松、深厚、肥沃的土壤。

应用： 果实味甜，含有丰富的维生素，可鲜食，也常制成蜜枣、红枣、酒枣等蜜饯，还可作枣泥、枣醋等。供药用，有养胃、健脾、益血等功效。花期长，为良好的蜜源植物。

一诗一植物　一花一世界

枣

〔宋〕史尧弼

后皇有嘉树，剡棘森自防。

安得上摘实，贡之白玉堂。

枣花

枣果实

猴欢喜

学名： *Sloanea sinensis*

别名： 猴板栗、树猾

科属： 杜英科　猴欢喜属

形态： 常绿乔木，高约 20m，树皮暗褐色，纵裂。叶薄革质，通常为长圆形或狭窄倒卵形，长 5~12cm，宽 2.5~5cm，全缘，有时上半部有数个疏锯齿，叶柄顶端增粗。花多朵簇生于枝顶叶腋，绿白色，下垂，花柄长 3~6cm。蒴果卵球形，径 3~5cm，密被长刺毛，成熟后 4~6 裂，内果皮紫红色，种子有橙黄色假种皮。花期 9—11 月，果期第二年 6—7 月。

习性： 喜半阴，喜温暖湿润气候和富含腐殖质的酸性土壤，适生于长江以南。

应用： 树形美观，四季常青，果实色彩艳丽，形状奇特，是优良庭院观赏树种。木材供板料、器具等用；树皮、果壳可提制栲胶。

猴欢喜嫩枝叶

猴欢喜花枝

猴欢喜果实

成熟开裂的猴欢喜果实

秃瓣杜英

学名： *Elaeocarpus glabripetalus*

别名： 光瓣杜英

科属： 杜英科　杜英属

形态： 常绿乔木，高约 12m；嫩枝秃净无毛，多少有棱，老枝圆柱形，暗褐色。叶纸质或膜质，倒披针形，长 8~12cm，宽 3~4cm，先端尖锐，基部变窄下延，边缘有小钝齿。总状花序常生于无叶的去年枝上，长 5~10cm；花瓣白色，无毛，先端较宽，撕裂至中部成流苏状；雄蕊 20~30 枚。核果椭圆形，长 1~1.5cm。花期 7 月，果期 10—11 月。

习性： 中等喜光，喜温，深根性，适生于肥沃、湿润、疏松土壤。

应用： 树干端直，冠形美观，一年四季常挂几片红叶，是庭院观赏、四旁绿化的优良树种；木材材质洁白、美观，加工不变形，可为家具、胶合板用材。

秃瓣杜英花序

秃瓣杜英果枝

秃瓣杜英红叶

梧　桐

学名： *Firmiana simplex*

别名： 青桐

科属： 梧桐科　梧桐属

形态： 落叶乔木，高达 16m；树皮青绿色，平滑。叶心形，直径 15~30cm，掌状 3~5 裂，裂片三角形，顶端渐尖，基部心形，基生脉 7 条。圆锥花序顶生，长 20~50cm，花淡黄绿色。蓇葖果膜质，成熟前开裂成叶状，每蓇葖果有种子 2~4 个；种子圆球形，表面有皱纹，直径约 7mm。花期 6 月，果期 11 月。

习性： 深根性，喜光，耐寒，耐干旱及瘠薄，不耐水渍，适生于肥沃、湿润的沙质壤土。

应用： 梧桐适于庭园观赏及行道树。其木材轻软，宜制木匣和乐器；种子可食或榨油，树皮纤维可作造纸和编绳的原料；叶、花、果和种子均可药用，有清热解毒、去湿健脾的功效。

一诗一植物　一花一世界

长信秋词·其一
〔唐〕王昌龄

金井梧桐秋叶黄，珠帘不卷夜来霜。

熏笼玉枕无颜色，卧听南宫清漏长。

梧桐树干

梧桐花序

梧桐果实

梧桐成熟果实

梧桐果枝

浙江红山茶

学名： *Camellia chekiangoleosa*

别名： 红花油茶、大果油茶

科属： 山茶科　山茶属

形态： 常绿小乔木，高 3~7m，嫩枝无毛。叶革质，椭圆形，长 8~12cm，宽 2.5~6cm，先端尖，基部楔形，边缘具较疏的细尖锯齿或有时中部以下全缘。花红色，通常单生枝顶，直径 8~12cm；苞片与萼片宿存，黑褐色；花瓣先端 2 裂；雄蕊多，花丝黄色，花柱先端 3~5 裂。蒴果木质，卵球形，果宽 5~7cm。花期 2—4 月，果期 8—10 月。

习性： 喜光，喜温，稍耐寒，耐旱不耐水渍，一般肥力中等的酸性土壤，均可生长良好。

应用： 树形优美，叶色深绿，早春开花，红艳美观，宜园林观赏。种子含油量 28%~35%，油可供食用和工业用；果壳可提制栲胶，烧后可制碱和活性炭等。

一诗一植物　一花一世界

山茶一树自冬至清明后著花不已

〔宋〕陆游

东园三日雨兼风，桃李飘零扫地空。

惟有山茶偏耐久，绿丛又放数枝红。

花期中的浙江红山茶林

浙江红山茶花

浙江红山茶果实

木 荷

学名： *Schima superba*

别名： 回树、横柴

科属： 山茶科　木荷属

形态： 常绿大乔木，高约 25m，树干挺直，分枝高，树冠圆形。树皮纵裂成不规则的长块，枝暗褐色，具显著皮孔。叶革质，椭圆形，长 7~12cm，宽 4~6.5cm，先端尖锐，有时略钝，基部楔形，边缘有钝齿。花白色，单独腋生或数朵集生枝顶，芳香，花梗粗壮，花瓣倒卵状圆形。蒴果近扁球形，褐色。花期 6—7 月，果期第二年 10—11 月。

习性： 喜光，幼年稍耐荫蔽，适应性强，适生肥厚、湿润、疏松的土壤。

应用： 木材坚硬，可供建筑及做家具；树干通直，树冠浓郁，花白而繁，可作园林绿化树种；其着火温度高，含水量大，不易燃烧，是营造生物防火林带的理想树种；茎、根皮有毒，不可内服，可攻毒、消肿。

木荷萌发新叶

木荷花枝

木荷果枝

柞 木

学名： *Xylosma congesta*

别名： 凿子树

科属： 大风子科　柞木属

形态： 常绿小乔木，高 4~15m；树皮棕灰色，不规则从下面向上反卷呈小片；幼时可有枝刺，老树变成棘刺。叶薄革质，卵形、长圆状卵形至菱状披针形，长 3.5~9cm，宽 1.5~4.5cm，先端渐尖或微钝，基部楔形或圆形，边缘有锯齿。花小，总状花序腋生，花萼 4~6 片，卵形，花瓣缺。浆果黑色，球形。花期 7—8 月，果期 10—11 月。

习性： 喜光、喜凉爽气候，耐寒、耐旱、耐瘠薄，喜中性至酸性土壤。

应用： 材质坚实，纹理细密，材色棕红，供家具农具用；叶、刺可药用；树形优美，为庭院观赏树，又为蜜源植物。

一诗一植物　一花一世界

次竹溪韵跋志仁工部柞木诗·其一
〔宋〕刘克庄

冥搜险韵搅枯肠，音义时乎取断章。吾窭仅能茅破屋，君材真可栋明堂。
居然挺挺过苍柏，胜似萧萧种白杨。识草木名须博览，夜窗灯火恰新凉。

柞木主干和枝刺

柞木新枝叶

柞木花枝

柞木果实

紫 薇

学名： *Lagerstroemia indica*

别名： 怕痒树、百日红

科属： 千屈菜科　紫薇属

形态： 落叶小乔木，高可达 7m；树皮光滑，片状脱落，灰白色；枝干多扭曲，小枝具 4 棱，略成翅状。叶互生，纸质，椭圆形或倒卵形，长 2.5~7cm，宽 1.5~4cm，顶端尖或钝形，有时微凹，基部阔楔形。圆锥状花序顶生；花淡红色或紫色、白色，直径 3~4cm；花萼外面平滑无棱，花瓣 6，皱缩。蒴果椭圆状球形。花期 6—9 月，果期 9—12 月。

习性： 喜光、喜暖湿气候，耐干旱，忌涝，有较强抗污染能力，喜肥沃湿润的沙质壤土。

应用： 花艳丽，花期长，为优良的庭院观赏树和行道树，有时亦作盆景。木材坚硬、耐腐，可制农具、家具等；树皮、叶及花为强泻剂；根和树皮可治咯血、吐血、便血。

一诗一植物　一花一世界

紫薇花

〔唐〕白居易

丝纶阁下文书静，钟鼓楼中刻漏长。

独坐黄昏谁是伴，紫薇花对紫微郎。

紫薇果实

紫薇树干

紫薇花

紫薇花

紫薇花

紫薇花

紫薇花

石 榴

学名： *Punica granatum*

别名： 安石榴

科属： 石榴科 石榴属

形态： 落叶灌木或小乔木，高 3~5m，枝顶常成尖锐长刺，幼枝具棱角，老枝近圆柱形。叶通常对生，纸质，矩圆状披针形。花大，1~5 朵生枝顶；萼筒长 2~3cm，通常红色或淡黄色；花红色、黄色或白色。浆果近球形，直径 5~12cm，通常为淡黄褐色或淡黄绿色；种子多数，钝角形，红色至乳白色，外种皮肉质。花期 5—7 月，果期 9—11 月。

习性： 喜温暖向阳的环境，耐旱、耐寒，也耐瘠薄，忌涝和荫蔽，喜肥沃湿润的沙质壤土。

应用： 常见果树，外种皮供食用；果皮、根皮和花供药用，有收敛止泻、杀虫之效。花色美丽，花期长，为各地公园及风景区美化环境的优良树种。

一诗一植物 一花一世界

题张十一旅舍三咏·榴花
〔唐〕韩愈

五月榴花照眼明，枝间时见子初成。
可怜此地无车马，颠倒青苔落绛英。

石榴花枝

石榴果实

石榴籽（罗潭姣提供）

喜 树

学名： *Camptotheca acuminata*

别名： 旱莲木

科属： 蓝果树科　喜树属

形态： 落叶乔木，高达 25m。树皮灰色，纵裂成浅沟状。叶互生，纸质，矩圆状卵形，长 12~28cm，宽 6~12cm，顶端短锐尖，基部近圆形或阔楔形，全缘，侧脉弧状平行，上面显著，下面突起。头状花序近球形，常 2~9 个组成圆锥花序，顶生或腋生，花淡绿色。翅果矩圆形，长 2~2.5cm，着生成近球形的头状果序。花期 5—7 月，果期 9—11 月。

习性： 喜温暖湿润，不耐严寒和干燥，适生于深厚、湿润、疏松的土壤。

应用： 树干挺直，生长迅速，宜作庭园树或行道树。果实、根、皮、叶均可入药，含生物碱，具抗癌、清热杀虫的功能。

挂满果实的喜树

喜树枝叶

喜树花序

喜树果实

蓝果树

学名： *Nyssa sinensis*

别名： 紫树

科属： 蓝果树科　蓝果树属

形态： 落叶乔木，高达 25m；树皮淡褐色，常薄片状剥落；幼枝淡绿色，后变褐色，皮孔显著。叶纸质或薄革质，互生，椭圆形或长椭圆形，长 12~15cm，宽 5~6cm，先端短渐尖，基部近圆形，边缘略呈浅波状。伞形或短总状花序，花雌雄异株，雄花着生于叶已脱落的老枝，雌花生于具叶的幼枝上。核果椭圆形，熟时蓝黑色。花期 4—5 月，果期 7—10 月。

习性： 喜光、喜温暖湿润气候，耐干旱瘠薄，耐寒性强，适生于疏松、肥沃的沙质壤土。

应用： 干形挺直，叶茂荫浓，春季有紫红色嫩叶，秋日叶转绯红，分外艳丽，为优良的观叶树种。木材坚硬，供枕木、建筑和家具用。

一诗一植物　一花一世界

东台山

〔明末清初〕王夫之

百里初见山，西晖客望闲。半峰明紫树，群岫倒苍湾。

仙馆箫声歇，渔舟隔浦还。祝融知近远，清梦骛云间。

蓝果树花序

蓝果树果实

蓝果树秋景

灯台树

学名： *Bothrocaryum controversum*

别名： 瑞木

科属： 山茱萸科　灯台树属

形态： 落叶乔木，高 6~15m，树皮光滑，暗灰色，枝条皮孔及叶痕明显。叶互生，纸质，阔卵形或披针状椭圆形，长 6~13cm，宽 3.5~9cm，先端突尖，基部圆形，全缘，叶柄紫红或绿色。伞房状聚伞花序，顶生，花小，白色，花瓣 4 枚，雄蕊 4 枚，与花瓣互生。核果球形，直径 6~7mm，成熟时紫红色至蓝黑色；核骨质，球形。花期 5—6 月；果期 7—8 月。

习性： 喜温暖气候及半阴环境，耐寒、耐热、生长快，适生肥沃、湿润、疏松土壤。

应用： 灯台树树形整齐，大侧枝呈层状生长宛若灯台，形成美丽树姿，花洁白素雅，宜作行道树。木材供建筑、制器具及雕刻用，种子榨油，可制肥皂和润滑油。

一诗一植物　一花一世界

春帖子词皇后阁十首·其一
〔宋〕宋祁

青郊迎淑气，华阙报芳辰。

瑞木梢梢变，珍禽哜哜新。

初春的灯台树

灯台树花枝

灯台树未成熟果枝

灯台树果实

四照花

学名： *Dendrobenthamia japonica* var. *chinensis*

别名： 山荔枝

科属： 山茱萸科　四照花属

形态： 落叶乔木，高可达10m，小枝纤细。叶对生，纸质，卵形或卵状椭圆形，长4~8cm，宽2~4cm，先端渐尖，基部宽楔形或圆形，边缘全缘或有明显的细齿，侧脉4~5对，下面粉绿色。头状花序球形，约由40~50朵花聚集而成；总苞片4，花瓣状，白色。果序球形，成熟时红色。花期5月，果期8—9月。

习性： 喜光、喜温暖气候，适应性强，能耐一定程度的寒、旱、瘠薄，适生于肥沃沙质土壤。

应用： 花、叶、果都极为美丽，为优良的园林绿化植物。木材供制小件用具，果实味甜，可鲜食或供酿酒。

一诗一植物　一花一世界

游白兆山寺
〔宋〕宋祁

地枕层岑面势斜，蔽亏原隰在烟霞。璇题炫目三休阁，宝树沿云四照花。
结社高风思惠远，忘言真理寄毗邪。铜莲漏永蜒风细，不觉西陂转若华。

花朵盛开的四照花

林中四照花

四照花花枝

四照花果枝

山茱萸

学名： *Cornus officinalis*

别名： 药枣

科属： 山茱萸科　山茱萸属

形态： 落叶小乔木，高 4~10m，树皮灰褐色，薄片状剥落。叶对生，纸质，卵状椭圆形，长 5~9cm，宽 2.5~5.5cm，先端渐尖，基部宽楔形或近于圆形，全缘，脉腋密生淡褐色丛毛，侧脉 5~8 对，弧状内弯。伞形花序生于侧生小枝之顶；花黄色，先叶开放。核果长椭圆形，红色至紫红色。花期 3—4 月；果期 9—10 月。

习性： 喜光、喜温暖气候，抗寒性较强，适生于排水良好，富含有机质、肥沃的沙壤土。

应用： 果肉（称萸肉）含有丰富的营养物质和功能成分，有补血固精、补益肝肾、调气、补虚、明目和强身之效。

一诗一植物　一花一世界

山茱萸

〔唐〕王维

朱实山下开，清香寒更发。

幸与丛桂花，窗前向秋月。

山茱萸树干

山茱萸花枝

山茱萸果枝

猴头杜鹃

学名： *Rhododendron simiarum*

别名： 南华杜鹃

科属： 杜鹃花科　杜鹃属

形态： 常绿小乔木，高可达 7m，老枝树皮有层状剥落。叶常密生于枝顶，厚革质，倒披针形或长圆状倒披针形，长 5.5~10cm，宽 2~4.5cm，上面深绿色，无毛，下面被淡棕色薄层毛被。顶生总状伞形花序，有花 5~10 朵，花冠钟状，乳白色至粉红色，喉部有紫红色斑点，裂片顶端有凹缺；雄蕊 10~12 枚，不等长。花期 4—5 月，果期 7—9 月。

习性： 喜凉爽湿润的气候，恶酷热干燥，适生富含腐殖质、疏松、湿润的酸性土壤。

应用： 多分布于海拔千米以上的山脊线上，常绵延成杜鹃长廊，是很好的矮曲林景观。花开时节，蔚为壮观。

一诗一植物　一花一世界

宣城见杜鹃花

〔唐〕李白

蜀国曾闻子规鸟，宣城还见杜鹃花。

一叫一回肠一断，三春三月忆三巴。

猴头杜鹃枝叶

猴头杜鹃花枝

猴头杜鹃果枝

柿

学名： *Diospyros kaki*

科属： 柿科　柿属

形态： 落叶乔木，高达 10~14m，树皮灰黑色，条状纵裂。叶纸质，卵状椭圆形，长 5~18cm，宽 2.8~9cm，先端渐尖，基部宽楔形或近圆形。花雌雄异株，雄花 3 朵集成聚伞花序，花黄白色；雌花单生叶腋，花萼绿色，花冠淡黄白色。果形多种，有球形、扁球形等，大小不等；有种子数颗，褐色，椭圆状。花期 5—6 月，果期 9—10 月。

习性： 喜光、喜温暖气候，较能耐寒、耐瘠薄，抗旱性强，适生深厚、肥沃、湿润土壤。

应用： 柿树是我国栽培悠久的果树，果实常脱涩后生食，亦可加工成柿饼；木材质硬，纹理细，可做家具等；叶大荫浓，秋末冬初，霜叶染成红色，冬天叶落后，满树柿果不落，是优良的风景树。

一诗一植物　一花一世界

咏红柿子
〔唐〕刘禹锡

晓连星影出，晚带日光悬。

本因遗采掇，翻自保天年。

冬季里的柿树

柿花枝

枝头结满果实的柿树

柿果实

日本甜柿

林中柿树

木 犀

学名： *Osmanthus fragrans*

别名： 桂花

科属： 木犀科　木犀属

形态： 常绿乔木，最高可达 18m，树皮灰褐色；小枝黄褐色，皮孔显著。叶片革质，椭圆形或长圆状披针形，长 6~12cm，宽 2~4.5cm，先端渐尖，全缘或通常上半部具细锯齿。聚伞花序簇生于叶腋，3~5 朵成一束，花极芳香，花冠黄白色、淡黄色、黄色或橘红色。果歪斜，椭圆形，熟时紫黑色。花期 9—10 月，果期第二年 3 月。

习性： 喜光、喜温暖湿润气候，抗逆性强，适生土层深厚、疏松肥沃的微酸性土壤。

应用： 花提取的芳香油，可制桂花浸膏，配制高级香料，可制桂花糖、桂花糕、桂花酒等；入药，有散寒破结、化痰生津、明目之功效；树形美观，花芳香，是庭院绿化的优良树种。

一诗一植物　一花一世界

东城桂三首·其三
〔唐〕白居易

遥知天上桂花孤，试问嫦娥更要无。
月宫幸有闲田地，何不中央种两株。

木犀花（金桂）

木犀花（丹桂）

木犀果实

女 贞

学名： *Ligustrum lucidum*

别名： 冬青树、蜡树

科属： 木犀科　女贞属

形态： 常绿乔木，高可达 25m，树皮灰褐色。叶对生，革质，卵形至宽椭圆形，长 6~17cm，宽 3~8cm，先端尖，基部近圆形，全缘，两面无毛，中脉在上面凹入，下面凸起，叶柄长 1~3cm。圆锥花序顶生，长 8~20cm，宽 8~25cm，花冠白色。浆果状核果，长圆形，熟后蓝黑色，被白粉，花期 5—7 月，果期 7 月至第二年 3 月。

习性： 喜光、喜温暖湿润气候，也耐寒，对大气污染的抗性较强，各种土壤皆能生长。

应用： 女贞四季婆娑、枝叶茂密，适于庭院种植和作行道树。枝、叶上放养白蜡虫，能生产白蜡，蜡可供工业及医药用；果入药称女贞子，为强壮剂；叶药用，具有解热镇痛的功效。

一诗一植物　一花一世界

秋浦歌十七首·其十

〔唐〕李白

千千石楠树，万万女贞林。

山山白鹭满，涧涧白猿吟。

君莫向秋浦，猿声碎客心。

女贞枝叶

女贞花序

女贞未成熟果实

女贞果实

白花泡桐

学名： *Paulownia fortunei*

别名： 白花桐、泡桐

科属： 玄参科　泡桐属

形态： 落叶乔木，高达30m，树皮灰褐色；幼枝、叶、花序各部和幼果均被黄褐色星状绒毛。叶片长卵状心形，长达20cm，顶端长渐尖。花序圆柱形，长约25cm，小聚伞花序有花3~8朵，花冠管状漏斗形，白色仅背面稍带紫色或浅紫色，内部密布紫色细斑块。蒴果长圆状椭圆形，长6~10cm，顶端有喙，果皮木质，种子具翅。花期3—4月，果期7—8月。

习性： 喜光、喜温暖湿润气候，不耐寒，适生各种疏松肥沃的土壤。

应用： 树姿优美，花朵较大，多呈淡紫色和白色，美丽惹眼，具有较好的观赏价值；能净化空气，具有较好的抗大气污染的能力，是城市和工矿区绿化的优良树种。

白花泡桐树干

白花泡桐花枝

野外白花泡桐

白花泡桐果实

棕 榈

学名： *Trachycarpus fortunei*

别名： 棕树、山棕

科属： 棕榈科　棕榈属

形态： 常绿乔木，高 3~10m，树干圆柱形，被不易脱落的老叶柄基部和密集的网状纤维，叶聚生于顶部。叶片呈 3/4 圆形，深裂成 30~50 片具皱褶的线状剑形、长 60~70cm 的裂片，叶柄长 75~80cm。肉穗花序圆锥状，粗壮，佛焰苞革质；花小，淡黄色，雌雄异株。果实阔肾形，成熟时淡蓝色，有白粉。花期 4 月，果期 12 月。

习性： 喜光、喜温暖湿润气候，耐寒，抗大气污染，适生于排水良好、湿润肥沃的各种土壤。

应用： 南方广泛栽培，棕皮纤维可作绳索，编蓑衣、棕绷等，未开放的花苞供食用，果实、叶、花、根等亦入药；树形优美，是庭园绿化的优良树种。

一诗一植物　一花一世界

题僧房

〔唐〕王昌龄

棕榈花满院，苔藓入闲房。

彼此名言绝，空中闻异香。

结果的棕榈树

棕榈花序

棕榈果序

浙江省社科联科普课题成果

遂昌县政协文史资料